非标准建筑笔记

Non-Standard Architecture Note

非标准复合

当代建筑的“非常规复合手法”

Unconventional Composite Method

丛书主编 赵劲松
任 轲 编 著

中国水利水电出版社
www.waterpub.com.cn
·北京·

序
PREFACE

关于《非标准建筑笔记》

这是我们工作室《非标准建筑笔记》系列丛书的第三辑，一共八本。如果说编辑这八本书遵循了什么共同原则的话，我觉得那可能就是“超越边界”。

有人说：“世界上最早意识到水的一定不是鱼。”我们很多时候也会因为对一些先入为主的观念习以为常而意识不到事物边界的存在。但边界却无时无刻不在潜移默化地影响着我们的行为和判断。

费孝通先生曾用“文化自觉”一词讨论“自觉”对于文化发展的重要意义。我觉得“自觉”这个词对于设计来讲也同样重要。当大多数人在做设计时无意识地遵循着约定俗成的认知时，总有一些人会自觉到设计边界的局限，从而问一句“为什么一定要是这个样子呢？”于是他们再次回到原点去重新思考边界的含义。建筑设计中的创新往往就是这样产生出来的。许多创新并不是推倒重来，而是寻找合适的契机去改变人们观察和评价事物的角度，从而在大家不经意的地方获得重新整合资源的机遇。

我们工作室起名叫非标准建筑，也是希望能够对事物标准的边界保持一点清醒和反思，时刻提醒自己世界上没有什么概念是理所当然的。

在丛书即将付梓之际，衷心感谢中国水利水电出版社的李亮分社长、杨薇编辑以及出版社各位同仁对本书出版所付出的辛勤努力；衷心感谢各建筑网站提供的丰富资料，使我们足不出户就能领略世界各地的优秀设计；衷心感谢所有关心和帮助过我们的朋友们。

天津大学建筑学院

非标准建筑工作室

赵劲松

2017 年 4 月 18 日

前　言

FOREWORD

在这个多元社会文化共存并迅猛发展的年代，单一的建筑类型已经无法满足多样化城市发展和社会活动的需求。城市生活的社会性、动态性、多样性、复杂性促使当代建筑产生了多元复合的契机，从而形成了——各构成部分优化配置，融合于一个完整的系统中的——当代复合型建筑。

作为公众生活承载平台的当代复合型建筑是一个矛盾多样的复合体。任何地域的建筑都不会是一个独立存在的自主产物，它需要协调并复合来自于自身和周边的复杂问题，并为城市和公众提供一个新的平台。建筑在面对多元化的矛盾时体现出不同的应对方式，以至于当代复合型建筑呈现出了更加复杂多样的形态、功能、空间和景观特征。正因如此，从复合方式入手对当代复合型建筑进行研究显得极为必要。

复合就是把一些零散的东西通过某种方式彼此衔接，从而实现信息系统的资源共享和协同工作。其主要精髓在于将零散的要素组合在一起，并最终形成一个有价值、有效率的整体。不管是普遍意义上好的、坏的事物，都有其存在的价值，把它们的价值有机地结合在一起，使本来无意义的事物变得有意义起来，让这些单一看来无意义或意义不大的事物获得超值的效果。复合——使单一职能的建筑消除了自身的不足，实现了功能的协调统一，同时又使建筑更具开放性，建筑与外部环境、内部功能的复合带来了“整体大于局部之和”的系统效应，使建筑连续不断地产生新的活力。

本书通过深入研究和分析当代复合型建筑不同种类的复合方式以及综合性空间、功能的处理手法和策略，从中探求建筑形态和功能空间创新的根源，试图寻找一种以复合为切入点的建筑创作方式。

城市的复杂环境越来越成为当代复合型建筑发挥其独特功能的平台。建筑在面对多元化的城市和自身矛盾时体现了不同的应对方式，以至于当代复合型建筑呈现出了更加复杂多样的形态、功能、景观特征。本书分别从六个方面阐述了当代建筑的多种非常规复合手法：

（1）建筑与景观环境复合。

（2）通过建立便捷通道和立体交通实现建筑与交通复合。

（3）建筑与公共设施复合。

（4）通过弱化边界使功能与交通实现复合。

（5）通过强化路径使各种功能融为一体。

（6）多种建筑功能之间的优化整合。

任轲

2017年2月

目　　录

CONTENTS

01

建筑与景观环境复合

折叠：建筑通过“折叠” 的方式将景观渗透到屋顶上，同时建筑体量结合大地形态的起伏做出相应的变化。“折叠”在建筑上主要表现为表皮、体量、屋顶等的处理方式，也可以是空间的处理或是结构的变化。通过“折叠”的处理方式，功能综合、规模巨大的当代复合型建筑表现出了流动的、随机的、平滑的有机形态，建筑形态向水平方向不断蔓延，通过柔化的边界与城市地表贴合在了一起。这种有机的建筑形态重构了城市地表，使建筑融入于城市环境之中。同时，建筑屋顶和地面这两个相对立的概念无意之中被模糊和打破，屋顶和地面的融合为城市和建筑带来了空间和视觉上的连续性。建筑不再作为一个对立的异质元素孤立在地表之上，而是以一种巨大的、连绵不绝的形态与环境复合成一个有机统一体。

掀开：建筑以一种人工化的方式将城市地表掀开，同时通过在掀开的地表中植入功能来达到建筑与景观环境的复合。连续的景观蔓延到屋顶上，使两者在空间上和视觉上融为了一体，建筑掩映于庞大的城市景观环境中。

嵌入：通过将建筑体量嵌入或半嵌入地下来隐藏和减弱了建筑存在的痕迹。

融合：融合是指建筑内部与外部景观环境的视觉融合。当两者之间的界限被消解，空间被延续，建筑内部信息将会向外渗透，同时外部环境也被引入到建筑内部，从而使建筑与外部景观环境达到融合。

吸纳：通过复合城市以及周围景观环境使建筑完全开放化，鼓励城市公共活动的引入，吸纳城市景观。以此来促进人与环境、人与人的文化交流和互动体验。

扭转：通过建筑外界面的“扭转”使得城市空间流畅地渗透到建筑内部，与建筑空间紧密地结合在一起。“扭转”产生的界面不仅可以为建筑遮风挡雨，同时又成为市民公共活动的平台。更重要的是，城市功能中的景观和自然环境可以直接从街道蔓延到建筑内部，此时，建筑与城市环境之间的界限消失，达到了城市环境与建筑空间的融合。

延续：一方面表现在建筑以其柔软的形态与周边建筑的有机衔接，并通过调整体量来适应复杂的周边环境；另一方面，通过连续流动的趋势有机地延续了原有的城市景观脉络和城市空间组织关系，同时“缝补”了割裂的城市景观环境。

附加：景观环境不仅对当代城市进行重新复合，而且“附加”到建筑中，与建筑功能复合为一个动态生机的有机结构，这种“附加”的方式大大消除了建筑人工化的生硬形式，活跃建筑自身的同时也改善了城市环境。

通过折叠使建筑与景观环境复合

项目名称：巴黎欧洲城
建筑设计：BIG 建筑设计事务所
图片来源：http://www.big.dk

建筑师通过放射性的循环道路将巨大的欧洲城划分为五个主要区域，同时五个主要建筑体量向中心聚集围合出一个城市广场，连续下降的建筑形态与广场连接起来形成一个整体。巨大规模的建筑体量展现出连绵起伏的形态，并不断向水平方向蔓延，其柔化的边界与周围环境贴合在了一起。大面积的景观覆盖了建筑的屋顶，成为了多样化的城市公园，建筑极好地融入于环境之中。巨大的体量使建筑已经失去了传统的形态，同时不同种类的功能以及这些功能所产生的活动与景观复合为了一个整体。

通过折叠使建筑与景观环境复合

项目名称：新北市立美术馆
建筑设计：Atelier Boronski 建筑设计事务所
图片来源：http://www.archdaily.com

设计师充分考虑了建筑的周边环境以及场地的地形起伏，通过对建筑形体的处理，使地形得到水平方向的延续，这个覆盖在景观上的建筑就如同一个“漂浮的原野”。建筑物与周围景观和谐地交织，构筑出了一系列丰富而有趣的公共空间，这些多样化的公共空间穿插在流动的建筑体量中，不仅强化了参观者的行走体验，而且形成了环绕自然又被自然渗透的空间形态。连绵起伏的屋顶成为了人们休息、交流、活动的绿色休闲空间，同时建筑与地形的充分契合使人们可以自然地进入到建筑内部。

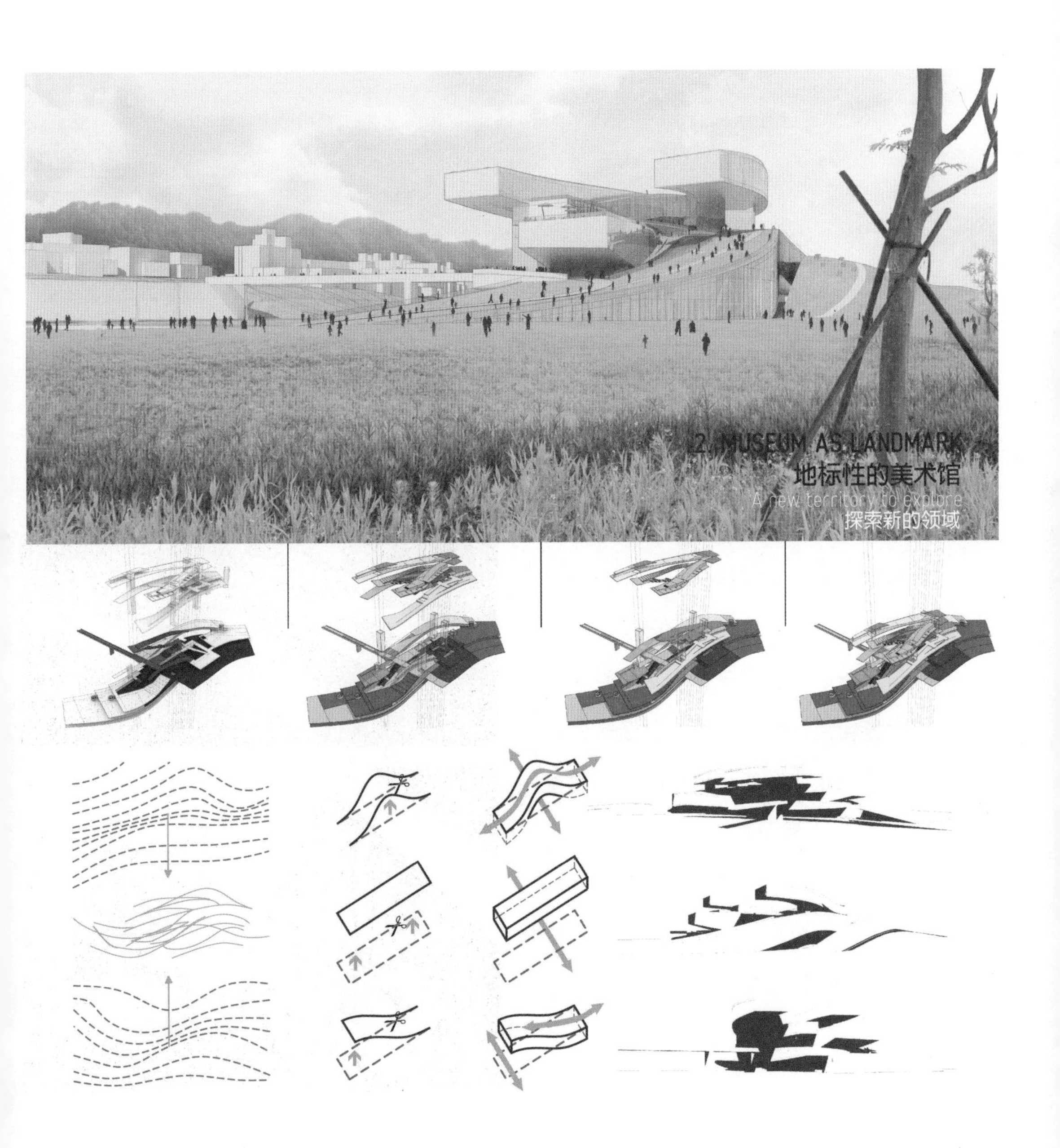
2. MUSEUM AS LANDMARK
地标性的美术馆
A new territory to explore
探索新的领域

通过折叠使建筑与景观环境复合

项目名称：丹麦 VILHELMSRO 小学
建筑设计：BIG 建筑设计事务所
图片来源：http://www.big.dk

水平延展的建筑形态完全融入于山地之中，同时室外的绿色植被和庭院空间穿插在建筑之间，创造出了自然流畅的空间体验，无论使用者是在室内、室外、建筑首层，还是绿色屋顶上，都能感受到自然的魅力。尽管整幢建筑只有一层，但是通过相互交叠的起伏形态和足够的层高设置，自然光线都可以轻易地到达每间教室，自然环境、建筑空间、教学授课、学习交流相互交织，营造出了开放而又自然的校园环境。

通过折叠使建筑与景观环境复合

项目名称：黑山布德瓦市滨海度假区
建筑设计：MVRDV 建筑设计事务所
图片来源：http://www.mvrdv.nl/

度假区位于一片未开发的海岸中，为了尽可能保留海岸线的自然原貌，设计师将度假区庞大的体量充分贴合在现有地形之上，然后覆盖了一层厚厚的景观“毯子”。“毯子”遇到不同体量的建筑会做出相应的变化，遇到高层建筑会形成一座小山，遇到低层建筑则会形成峡谷，标志性的酒店设计为悬崖的造型伸向海面，最终，不同体量的建筑连成了一片延绵的山脉。

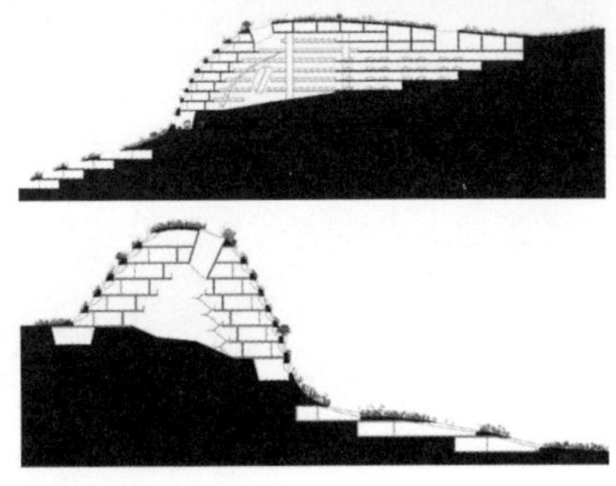

通过折叠使建筑与景观环境复合

项目名称：斯德哥尔摩市公共图书馆
建筑设计：JAJA 建筑设计事务所
图片来源：http://www.mvrdv.nl/

在 2006 年的瑞典斯德哥尔摩市公共图书馆改扩建设计竞赛中，JAJA 建筑设计事务所的参赛作品充分地考虑了原有图书馆、基地中的景观资源以及现状道路的影响，设计了一个逐渐上升的折线形屋顶景观步行系统。这个系统从沿街道路开始一直通向对面的景观山上，中间衔接了原有的图书馆，并在沿途设计了多种多样的公共活动空间，屋顶下面则是新馆的主要公共空间，并与步行系统相互连通。参观者可以直接从街道进入新馆，也可以顺着坡道进入老馆，最重要的是景观也被纳入其中。

通过掀开使建筑与景观环境复合

项目名称：哥本哈根自然历史博物馆
建筑设计：隈研吾建筑都市设计事务所
图片来源：http://kkaa.co.jp/

不同的展览空间分别植入于几个被掀开的地表中，参观者可以从多个不同的地表裂缝中进入地下，巨大的化石展品可以将他们带入奇妙的历史体验之中。同时，掀开的地表采用了与周边环境相同的材质，使博物馆与周边景观结合在了一起，它们之间相互补充，共同形成了一个平静的整体。掀开的地表缝隙运用落地玻璃，不仅在视觉上联系展品和室外空间，同时又引入自然光于室内空间，增加了空间的丰富性。植被和景观环境自然地渗透到功能空间中，创造了一个由绿色植物环抱的庭院，同时，几个室外绿色土坡陷入地下，为各个展览空间提供了尺度相宜的景观感受。

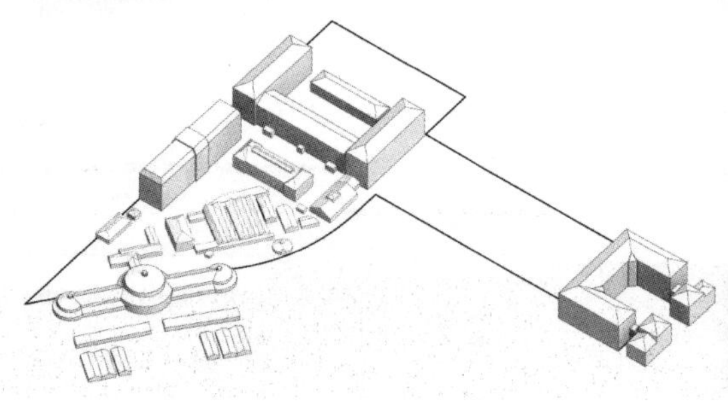

通过掀开使建筑与景观环境复合

项目名称：M2 山住宅
建筑设计：BIG 建筑设计事务所
图片来源：http://www.big.dk

基地位于丹麦的一座森林公园中，为了与周围的景观相协调，建筑师首先用两条平行线将地表“剪开”，然后在掀开的地表中嵌入建筑功能，形成了一个往两边倾斜的建筑体量，屋顶一直延伸到地面，并且覆盖了与周边一样的草坪。从远处看，住宅与周边环境融为一体，就像在平整的地面上升起了一个绿色的山丘。自然环境和人造景观的共生为家庭创造了良好的生活条件，尤其是户外活动。夏天，建筑是一座交流活动的绿色花园；冬天，斜面的屋顶又成为了居住者的滑雪坡道。起伏的景观创造出了一个可以玩耍、放松和进行社交活动的四季基地。

通过掀开使建筑与景观环境复合

项目名称：MIAMILIFT 方案
建筑设计：DROR 建筑设计事务所
图片来源：http://www.archdaily.com/

设计师充分利用了城市作为度假胜地的地标特质，以及地块作为重要船只停泊点的独特口岸定位，通过复合多种元素，设计了一个巨大的折角形体量，建筑像是一个掀开的地表，从地面上升起，远远地悬挑在海面上。MIAMILIFT 内部功能多样，包含多功能厅、酒吧、电影院、信息展示馆和文化馆等，所有功能空间都可以俯瞰城市和海洋。建筑以一种人工化的方式将城市地表掀开，缓缓升起并伸向海面，与城市环境融为一体。

通过掀开使建筑与景观环境复合

项目名称：天津国家海洋博物馆
建筑设计：HOLM 和 AI 建筑设计事务所
图片来源：http://www.bustler.net/

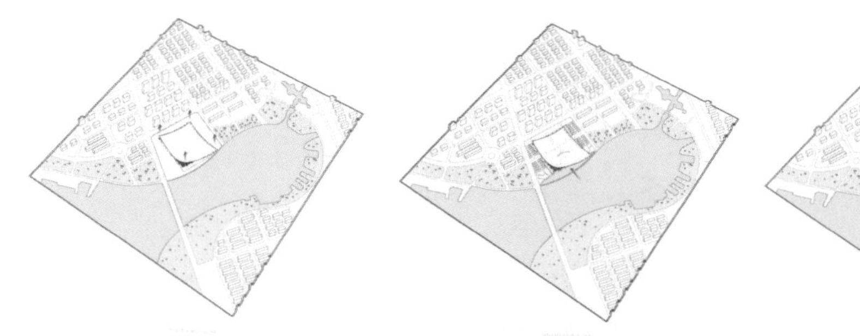

设计师将正方形的基地分别从四个方向掀起以形成曲面的形态，曲面作为建筑的屋顶覆盖了博物馆的全部展览空间，同时，屋顶上开出了大量连绵起伏的天窗——面向海洋，充分地将自然光引入到建筑内部，增加了空间的丰富性。屋顶下面通过吸入式的设计将海水引入，远远望去，建筑就像一艘航母一样漂浮在海面上。

通过嵌入使建筑与景观环境复合

项目名称：韩国首尔梨花女子大学校园综合体
建筑设计：多米尼克·佩罗建筑设计事务所
图片来源：http://www.archdaily.com/

设计师整合建筑与周边景观环境，将大体量的建筑嵌入地下，建筑体量一分为二，中间形成一个巨大狭长的通道就像一条山谷。这里又被称为“校园谷”，是整个学校公共活动和信息交流的广场，每年的特殊节日和庆典都汇集了学校和周边区域的人群，这使建筑真正地成为了连接校园与城市的门户。校园以一种开放的姿态吸纳周边的城市生活，同时丰富的校园活动也为城市带来了活力。

通过嵌入使建筑与景观环境复合

项目名称：欧洲城
建筑设计：斯诺赫塔建筑设计事务所
图片来源：http://www.archdaily.com/

方案通过嵌入地表的方式，形成一个地面上的纪念碑，同时设计师试图将建筑进一步变成可栖居的景观。延续周边农业成为了这个设计的核心，因为都市农业可以使农产品集聚在这座建筑之中，并且方便其高效地循环消耗掉。设计师将周围大量的农田延续到建筑屋顶上，人们可以拥有自己的土地，并且亲身体验人工环境和自然环境之间互利共生的关系。在这里，工作与娱乐、室内与室外交互融合在了一起，建筑与环境之间的交流变得更加充分。

通过嵌入使建筑与景观环境复合

项目名称：巴勒斯坦历史博物馆

建筑设计：Heneghan Peng 建筑设计事务所

图片来源：http://shijue.me/slideshow/

设计师用一系列曲折的石墙堆叠形成建筑的场地，其层叠的形态像梯田一样与周围阶梯状的群山融合，然后又将博物馆巨大的体量镶嵌于场地中，并通过折叠的屋顶进一步演绎梯田的起伏形态，形成了场地与建筑的完美过渡。为了使建筑与周边环境更好地融合在一起，设计师采用了当地的石材作为主要的建筑材料。消隐的建筑形态和质感打破了建筑与景观的对立关系，最终使博物馆融入周围环境之中。

通过嵌入使建筑与景观环境复合

项目名称：掩体博物馆
建筑设计：BIG 建筑设计事务所
图片来源：http://www.big.dk

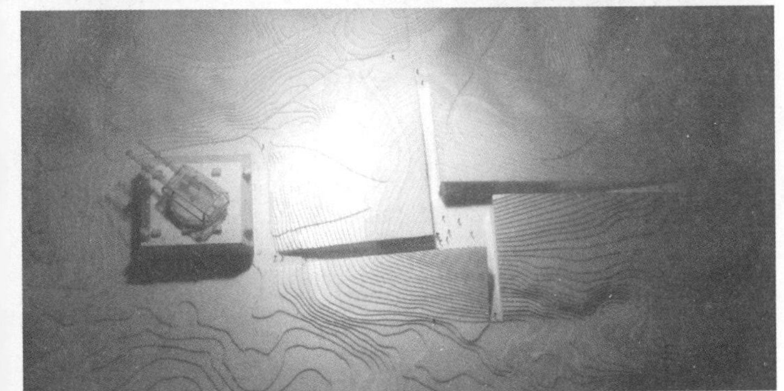

建筑师将四种不同的功能镶嵌于起伏的山地中，通过连续平滑的处理，形成了十字交叉的建筑格局。博物馆的屋顶采用了与周围相同的质地，四座建筑就像沙丘一样隐藏于山体中。掩体工事和掩体博物馆的结合为现有的景观和自然增加了感性的元素，使它成为了景观环境中的一个集合体，同时也是山丘的隐形呼应。

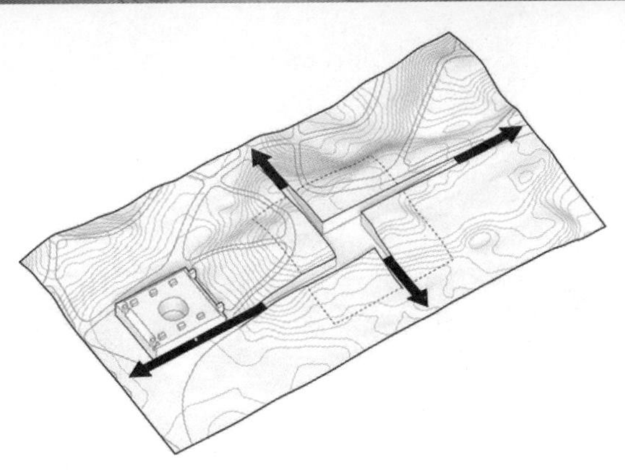

通过融合使建筑与景观环境复合

项目名称：大邱公共图书馆
建筑设计：JAJA 建筑设计事务所
图片来源：http://www.ja-ja.dk/

设计师采用了最简化的形式语言，使建筑空间向周围环境最大限度地敞开，以便于这个新型的图书馆能够把基地中的树木充分地融入到建筑之中，从而创造出一个以树为主导的建筑空间。方案扩大了原有森林的范围，使之遍布于整个基地，丰富的自然景观为建筑带来了生气，空间的连续性使图书馆的每一层功能空间都与周围树木发生着不同类型的互动。同时悬挑结构形成的灰空间让图书馆内部公共空间与城市公共活动融为一体，消解了室内外的界限，为参观者提供了独特的空间体验。

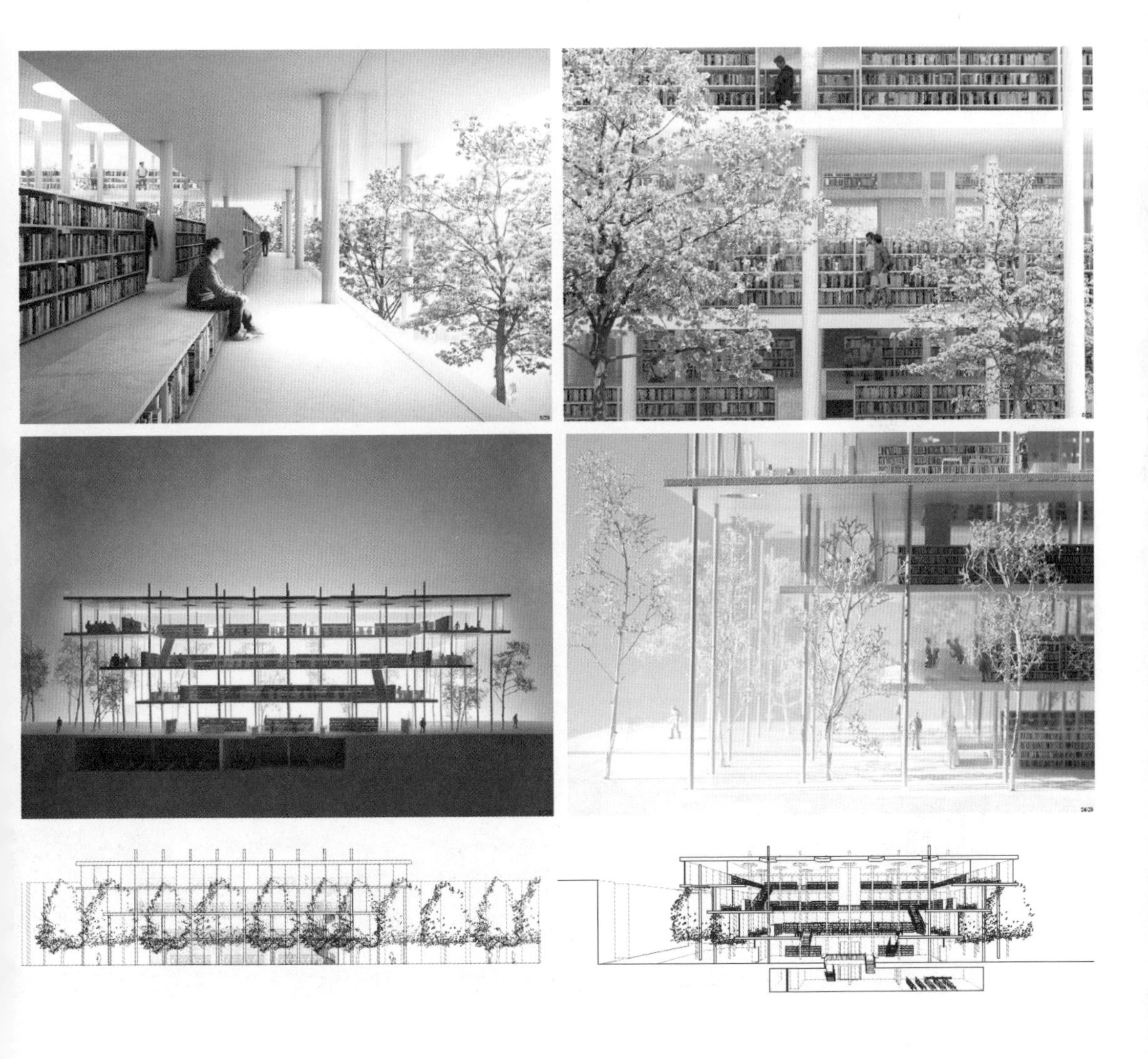

通过融合使建筑与景观环境复合

项目名称：台中文化中心
建筑设计：SANAA 建筑设计事务所
图片来源： http://www.bustler.net/

台中文化中心包含了公共图书馆和美术博物馆两大功能，其外形由一组白色的立方体随意堆积而成。建筑外界面并不是传统意义上的墙面，而是几层半透明的、可变的金属网。连接各功能体块的连廊是浮于半空的，行走其中可以清晰地看到建筑外部的人群与自然环境，同时也能穿透几层透明网看到文化中心的其他功能，这种朦胧的视觉延续性极大地扩张了参观者的空间感知范围，激发了其对空间感知的主观性。透明网不同层数的叠加产生了不同的空间效果，使原本硬质的空间界面转化为流动、柔软、半透明的内外过渡，视线在界面中得到了延续。

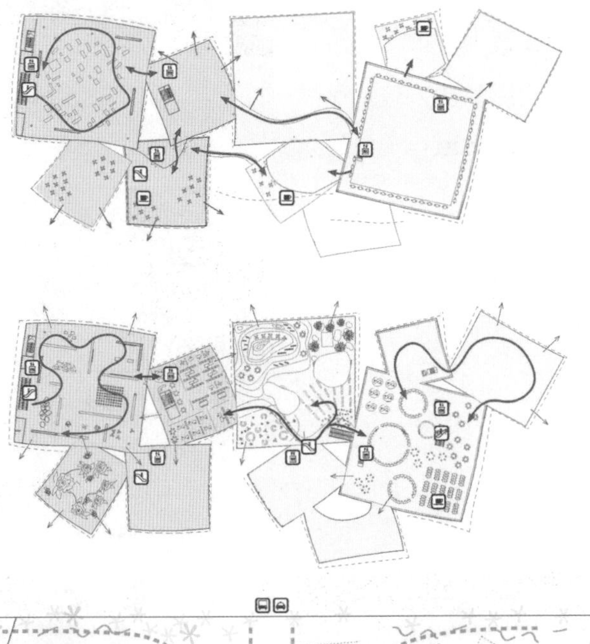

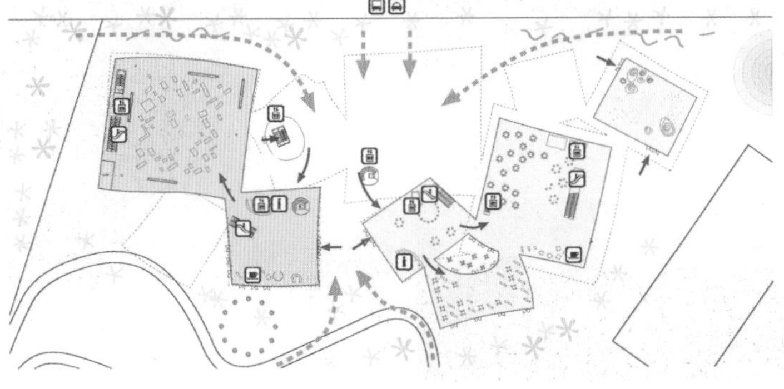

通过融合使建筑与景观环境复合

项目名称：赫尔辛基图书馆
建筑设计：MDU 建筑设计事务所
图片来源：http://archinect.com/

图书馆的外立面全部采用了高透射率低反射率的玻璃，内部结构和功能一览无余，高度透明化的建筑形象复合了图书馆内部空间和景观环境。建筑的一层是一个开放的城市广场，参观者可以从任何地方进入建筑，人们可以在这里随意地交流活动，建筑通过其极大的开放性来吸引公众的参与，同时和谐地融入于城市景观之中，为城市中大量的人流提供了一个开放、高效、便捷且高度透明化的功能性空间。

通过融合使建筑与景观环境复合

项目名称：台中文化中心
建筑设计：RMJM 建筑设计事务所
图片来源：http://www.bustler.net/

设计师用一层透明的节能表皮将建筑功能空间裹住，其中飘浮着大片的悬臂支持的景观结构，与建筑共同掩映在自然的背景之下。完全开放的场地使参观者可以从任意方向进入建筑，“文化云”中众多开放的功能空间，设置了许多大小不一的室内花园，这些花园设置在具有良好自然环境的室内梯田上，阳光洒进来，透过表皮与室外环境融为一体。

通过吸纳使建筑与景观环境复合

项目名称：中国国家美术馆新馆
建筑设计：MAD 建筑设计事务所
图片来源：http://www.i-mad.com/

设计师将建筑定义为一个完全开放的美术馆，并真正地实现了艺术向城市开放。MAD 建筑设计事务所将巨大的建筑体量抬高，从而创造出一个汇聚城市活动的公共广场。高度达三层的建筑结构形成了一个室内外相互交织的开放空间序列，这个开放的公共空间将自然、城市纳入到美术馆之中，与建筑融为一体，这种与城市共存的复合方式打破了传统建筑功能空间简单、孤立的组织模式。

通过吸纳使建筑与景观环境复合

项目名称：长沙文化中心
建筑设计：MAD 建筑设计事务所
图片来源：http://www.i-mad.com/

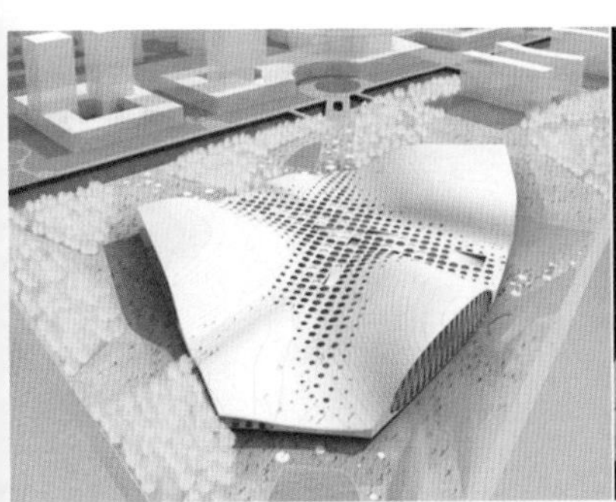

建筑通过一种连续流动的形态将博物馆、歌剧院、图书馆三大功能结合在了一起，巨大的建筑体量将周围的自然环境纳入，以完全开放的姿态将自身最大限度地展现给公众。设计师将三种功能立体地组织在建筑中，不但在同一平层上实现了各自功能的独立与共享空间的复合，而且在立体层次上创造出了两个开放的公共平台:建筑底层架空形成的公共活动平台和屋顶起伏的景观平台。参观者可以在任意时间、从任何地点进入建筑底部，通过坡道和扶梯的连接，也可以在不同层面的两个公共平台之间漫游。

通过吸纳使建筑与景观环境复合

项目名称：常州文化中心
建筑设计：GMP 建筑设计事务所
图片来源：http://www.archdaily.com/

这座拥有巨大悬挑结构的文化综合体由六个模块拼接组成，相互衔接的悬挑结构创造出了一个连续的文化广场。在巨大的建筑屋檐庇护下，文化广场成为了一个集聚城市活力的公共空间，吸纳着周边的自然环境。一条河流斜插贯穿文化中心地块，实现了地面各体块之间的联系，同时水体和自然景观为市民塑造了一个高品质的绿色休闲空间。

通过吸纳使建筑与景观环境复合

项目名称：台中文化中心
建筑设计：SAS 建筑设计事务所
图片来源：http://www.bustler.net/

镂空的石头形象地创造了一种天然的内置环境，并以其强大的吸引力将自然景观和公众活动吸纳到建筑中来。建筑师将台湾不同地域的自然景观和多样化的气候环境应用到内部环境的设计中，岩石质感的表皮、镂空的洞口创造出了自然的视觉效果。参观者可以在任意时间、从多个入口进入中心广场，连续流动的内部空间形态衔接了城市环境的同时也为市民提供了一种奇幻的空间体验。

通过扭转使建筑与景观环境复合

项目名称：SCALA 大厦
建筑设计：BIG 建筑设计事务所
图片来源：http://www.big.dk /

设计师结合了当代高层建筑与哥本哈根传统建筑的特点，巧妙地将普通的长方体高层建筑进行 90° 的扭转，从而使塔楼和裙房一起演变成一个螺旋形的阶梯一直延续到楼顶，同时建筑底部衔接了城市广场和街道，形成了“拾级而上”的建筑形态。

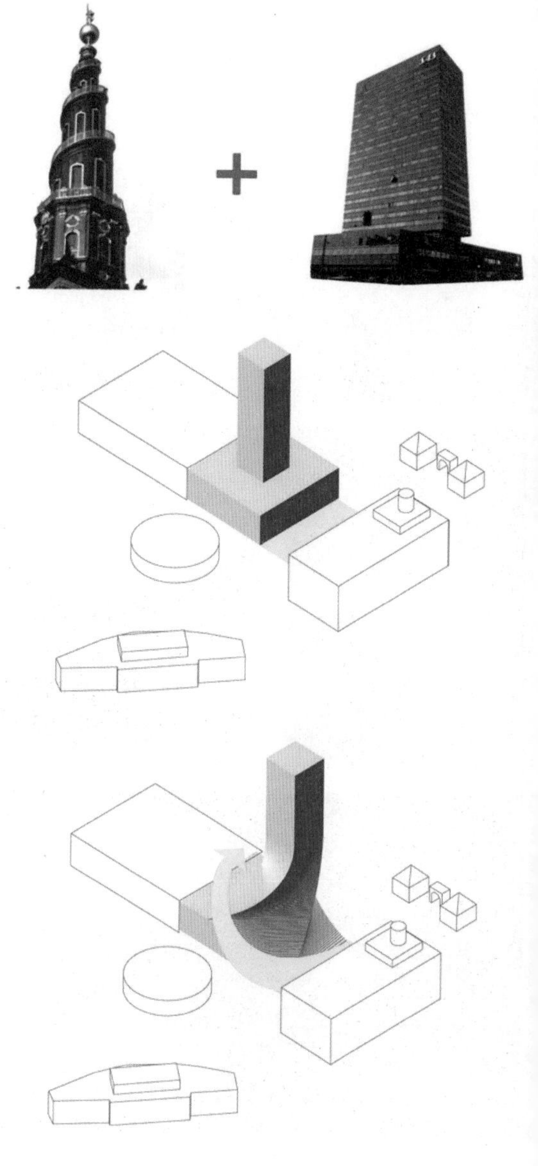

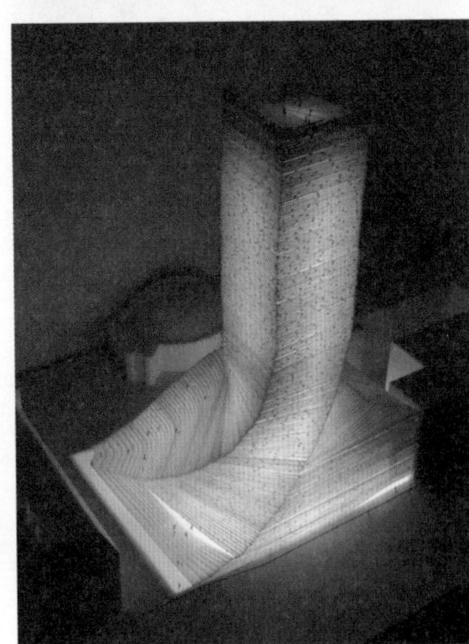

通过扭转使建筑与景观环境复合

项目名称：圣彼得堡码头
建筑设计：BIG 建筑设计事务所
图片来源：http://www.big.dk /

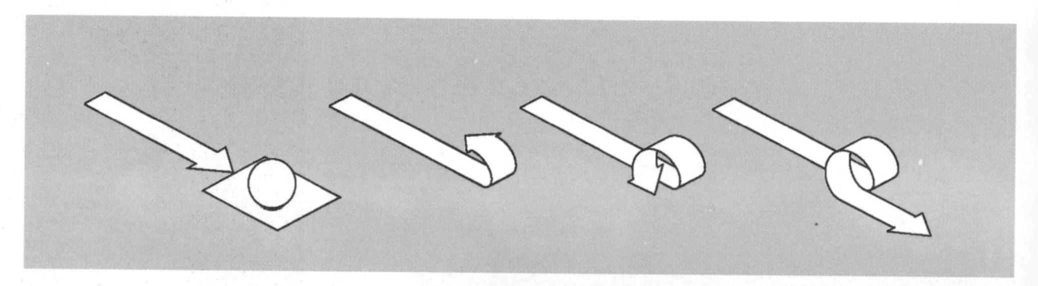

该方案以江、河、湖泊汇聚流入大海为形态意象，利用人流与河道支流的相似性，将整个基地通过整体的设计形成了从河岸散布支路逐渐向大海汇聚的空间结构，在海中的尽端形成了整个方案的高潮，通过简洁抽象的海浪造型创造了独特的标志性建筑。

通过扭转使建筑与景观环境复合

项目名称：莫斯科理工和教育中心
建筑设计：3XN 建筑设计事务所
图片来源：http://www.designboom.com/

建筑结合周边环境并通过形体的扭转实现了建筑与环境的开放互动。博物馆遵从了现有的校园建筑轴线，西南角面向学生的主要人流方向，逐渐下降的屋顶延伸向景观，为学生提供了一个多样化的活动空间和露天剧场。同时屋顶咖啡馆和呈梯田状分布的座位将室外环境引入室内，创造了一个内外交流互动的场所。

通过延续使建筑与景观环境复合

项目名称：SORO 市某商住综合体
建筑设计：BIG 建筑设计事务所
图片来源：http://www.big.dk /

基地位于现存住宅建筑旁的一片景观用地之中，人口密度的不断增加使原有住宅难以满足现有的居住要求，这片场地急需被开发为新的住宅用地。由于景观用地被占用，导致居民无法维持原有的公共活动。面对这一问题，建筑师首先复合原有建筑的轮廓，延续其界面形成建筑的基本形态；同时将商业功能体量从反向嵌入，创造出相互交织的建筑模式；然后，将这些不同方向不同角度的斜面统一为一个整体，通过连续平滑的处理方式，最终形成了自由动态的建筑格局。

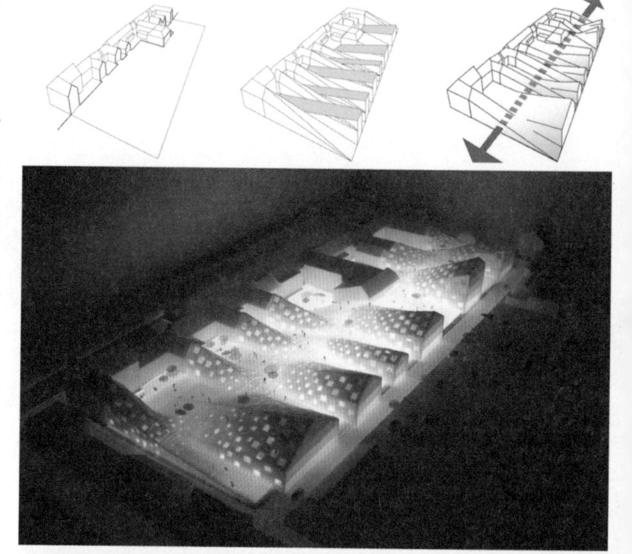

通过延续使建筑与景观环境复合

项目名称：凯布兰利博物馆
建筑设计：彼得·埃森曼建筑设计事务所
图片来源：世界建筑 2004/01/

该建筑位于巴黎埃菲尔铁塔附近的古老街区中。建筑师认为城市拥挤的街巷空间掩盖了博物馆的整体形态，只有在足够高的视点下才能对建筑有一个全面的认识。基于这种观念，博物馆与周围城市环境的衔接成为了此次设计的重点。埃森曼将连续流动的展览空间外化为一层波浪状的屋顶，塑形的建筑形态使博物馆像一个“城市有机体”一样悬浮于场地中，建筑充分强调着自身的同时也在多个方面复合了城市环境。

通过附加使建筑与景观环境复合

项目名称：新城中村
建筑设计：佐托夫建筑设计事务所
图片来源：http://www.archdaily.com/

设计师通过在原有建筑屋顶设置一个生态村庄来呼应城市环境，以激发建筑自身的活力。屋顶放置了50个住宅单元，分别作为联排别墅连成一体。环形的住宅围绕出一个中间生态岛，其中长满了茂密的森林，也集聚了包括集市、广场等所有的社会活动场所。住宅和生态岛之间被一条人工河隔开，形成相互独立又相互联系的两个分区。环境优美的生态村庄与原有的建筑复合为一体，呼应了城市周边环境，并重新定义了建筑与景观的关系。

通过附加使建筑与景观环境复合

项目名称：斯特拉斯堡城市绿洲
建筑设计：MVRDV 建筑设计事务所
图片来源：http://www.mvrdv.nl/

该方案将原工业老区改造成了一个郁郁葱葱的城市绿洲——一个充满植被的城市休闲区，这种复合景观环境的方式可以显著地改善老工业区的环境。同时，建筑师在河流对面设计了一个具有象征意义的长椅形态的建筑，这座具有混合功能的建筑包括：住宅、办公楼、商业零售等，还有一个大型的公共广场。大量的植物覆盖了建筑，目的是让建筑内部有更好的采光，同时在建筑每一个可利用的表面都可以看见植物和树木。

通过附加使建筑与景观环境复合

项目名称：巴塞罗那公园购物中心
建筑设计：MVRDV 建筑设计事务所
图片来源：http://www.mvrdv.nl/

设计师将购物中心的屋顶变成了起伏的景观，无障碍的绿色屋顶为城市提供了急需的城市绿地。从地面上看，参观者和居民只能看到枝繁叶茂的森林，但是地下隐藏着一个巨大的绿色商业网络空间。景观环境与建筑的复合为这座城市新增了一座公共花园，同时为周围的居民和参观者提供了清爽的空气、自然的绿地，以及休闲娱乐的公共空间。

通过附加使建筑与景观环境复合

项目名称：香港大浦农业区
建筑设计：JAPA 建筑设计事务所
图片来源：http://www.archdaily.com/

设计师用一个垂直网络式的农业结构取代了原始的平面式结构，打造出了一个高效且环境友好型的垂直农场。该建筑不仅可以种植大量农作物，而且其独特的生态农业结构可以成为新的教育和农业研究基地，同时建筑中的两个观景平台为参观者提供了360° 绝佳的景观视野。

02

通过建立便捷通道和立体交通实现建筑与交通复合

便捷通道：现代建筑庞大的体量已经发展至以街区为单位，许多大型公共建筑甚至占据了整个街区。传统的小尺度街巷在现代城市中逐渐消失，人们的日常交通被大体量的公共建筑所割裂，需要绕过建筑甚至是辗转几个街区才能到达目的地。更糟糕的是，拥挤的建筑加大了道路的交通量，打乱了街道秩序，以致不得不投入大量资金来改造城市道路。相对于城市道路来说，对建筑有更加灵活的处理方式。通过建筑与交通环境的复合，不仅可以优化建筑周边各个区域的联系，而且使建筑内部交通和城市交通高效地结合为一个有机整体，为市民建立了便捷的通道，同时激发了整个区域的活力。

立体交通：人行交通和车行交通构建了现代城市的主要交通体系，过街天桥、跨河桥梁等遍布于城市之中。大跨度、大体量的城市交通设施不仅投资巨大，而且占用了大量的城市空间和自然景观。单一功能的交通体系急需植入新功能以发挥最大的效力。建筑强大的包容性和灵活性促使不同职能的系统产生结合的契机，从而建立起一个人行交通、车行交通、建筑功能紧密结合的立体交通体系。

建立便捷通道使建筑与交通功能复合

项目名称：芬兰赫尔辛基中心图书馆
建筑设计：OODA 建筑设计事务所
图片来源：http://www.archdaily.com/

在芬兰赫尔辛基中心图书馆设计竞赛中，来自葡萄牙的建筑事务所 OODA 打破了“图书馆是收藏和借阅图书的建筑”这一传统概念，将赫尔辛基中心图书馆看做是激发整个区域活力的文化中心。由于庞大的建筑体量占据了整个基地，设计师巧妙地将建筑屋顶的两个对角向下凹陷，形成了一个光滑的双曲面屋顶。凹陷的曲面在新城与旧城之间建立了便捷的通道，同时它又是参观者登上建筑屋顶的入口，大量的社会活动聚集于此。建筑内部的功能组织与城市交通结合成一个有机统一体，成为连接新城与旧城的交通文化枢纽。

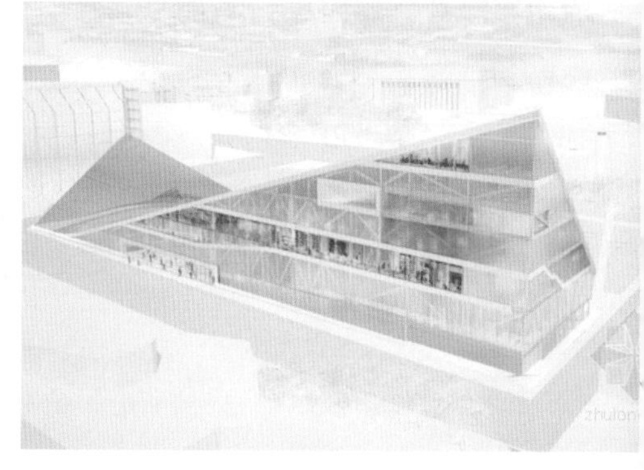

建立便捷通道使建筑与交通功能复合

项目名称：北大西洋文化之家
建筑设计：BIG 建筑设计事务所
图片来源：http://www.big.dk

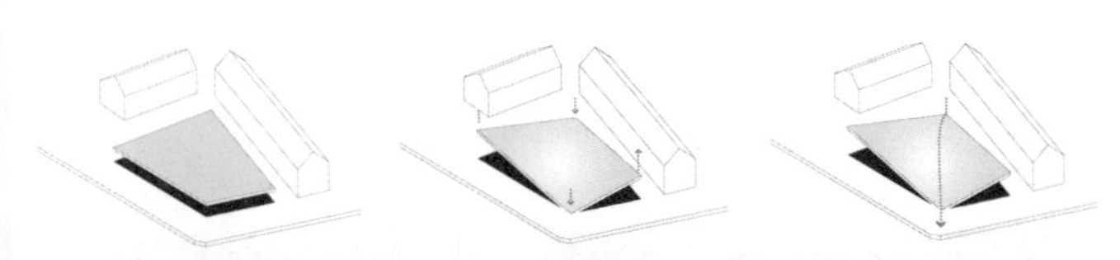

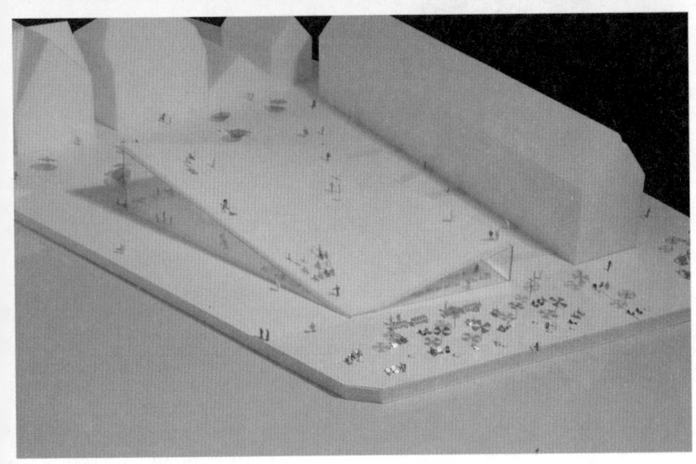

此项目基地位于 Nord Bryggn 内港，旁边是哥本哈根繁华的酒吧与餐饮区。为了融合周边环境并考虑其对建筑的影响，建筑师首先设计了一个 2500m^2 的大屋顶；然后将屋顶沿对角线方向下压，同时抬高另外两点的高度，形成了建筑的基本形态，以连接建筑周边的两个区域；最后植入建筑功能，屋顶下面形成了一个巨大的展览空间，公共活动空间则被放置在了屋顶之上。连续平滑的建筑形态连接了海港和城市空间，参观者顺着屋顶可以从街道直接走向海面，这种穿越方式不仅创造了一个便捷的通道，同时在这个相对封闭的海港内部形成了一个联系城市与海滨的开放式文化公园。

建立便捷通道使建筑与交通功能复合

项目名称：劳德代尔堡滨海住宅综合体
建筑设计：BIG 建筑设计事务所
图片来源：http://www.big.dk

建筑位于劳德代尔堡市区公园附近，旨在创建一个既轻松又舒适的生活氛围，从而吸引更多的市民。但是巨大的建筑体量阻挡了城市公园通往滨海广场的道路，怎样才能创造一个既不牺牲滨水活动，同时又充满活力的劳德代尔堡沿河住宅综合体？设计师试图将建筑“撕开”，形成一条可以满足正常通行的“裂缝”。缝隙随着住宅单元的左右灵活错落而参差不齐，从建筑底部一直延续到屋顶。就像一条峡谷一样连接了建筑两旁的城市公园和滨海广场，同时，城市公园的景观元素也顺着通道伸向海面并且蔓延到建筑缝隙之中。

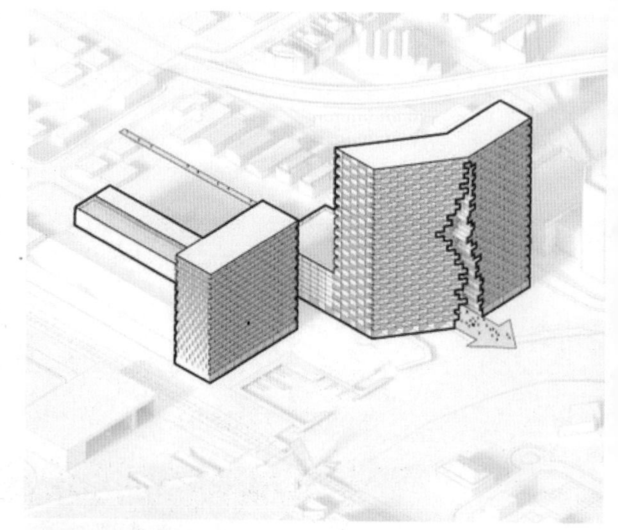

建立便捷通道使建筑与交通功能复合

项目名称：大邱庄文化中心
建筑设计：HOLM+AI 建筑设计事务所
图片来源：http://www.bustler.net/

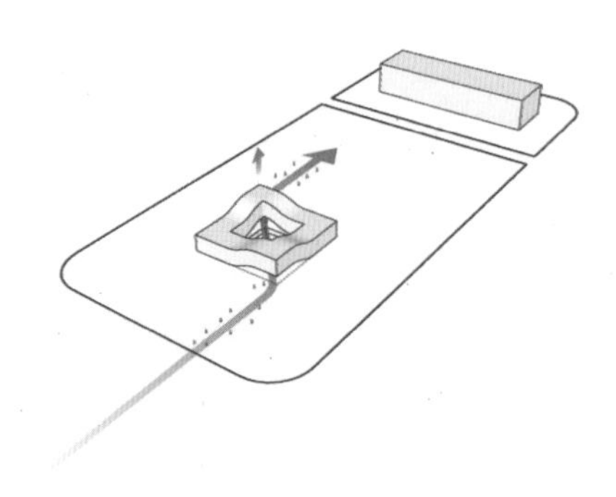

此项目基地坐落在大邱庄新旧两区的连接位置，为了结合新旧两区并塑造一个新的城市文化、景观、娱乐中心，建筑师将方形建筑体量对角线的两个角抬起。这个巧妙地处理在新旧城区之间建立了一个便捷的通道，两个角的抬起形成的巨大灰空间不仅汇集了大量的公共活动，而且作为文化中心的入口极大地增强了建筑的吸引力。

建立便捷通道使建筑与交通功能复合

项目名称：探险者活动中心
建筑设计：Fissure 建筑设计事务所
图片来源：http://www.archdaily.com/

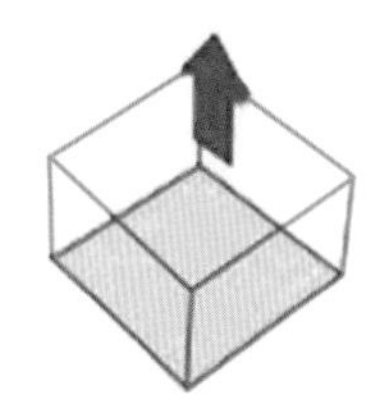

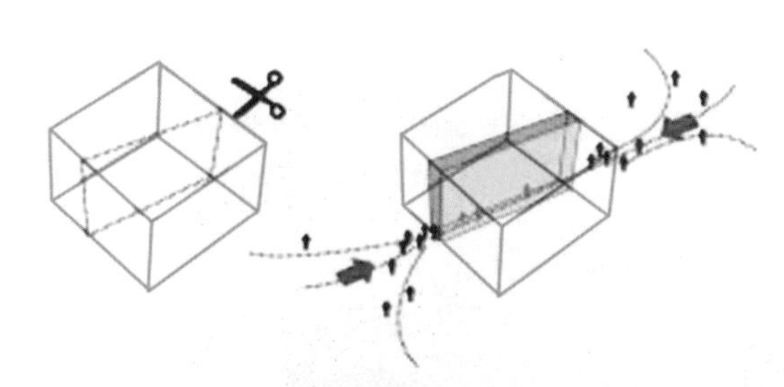

此项目基地位于城市的一个边缘地带，它的一侧是一片天然未开发的领域，除了一些树木外没有任何人类活动的迹象。建筑师认为探索和发现这片未知领域并体验它们，这才是探险者所应持有的生活态度。因此，“打破它，穿越它，走向它的另一边”成为了整个方案设计的出发点。建筑师将建筑体量从中间切开，巨大的“峡谷”形成了一个人工的攀岩墙，同时这条“峡谷”成为连接城市与天然领域的一条便捷通道，使建筑产生了强大的吸引力连接着两端的区域。

建立便捷通道使建筑与交通功能复合

项目名称：北京绿色游客中心
建筑设计：JDS 建筑设计事务所
图片来源：http://zhan.renren.com/

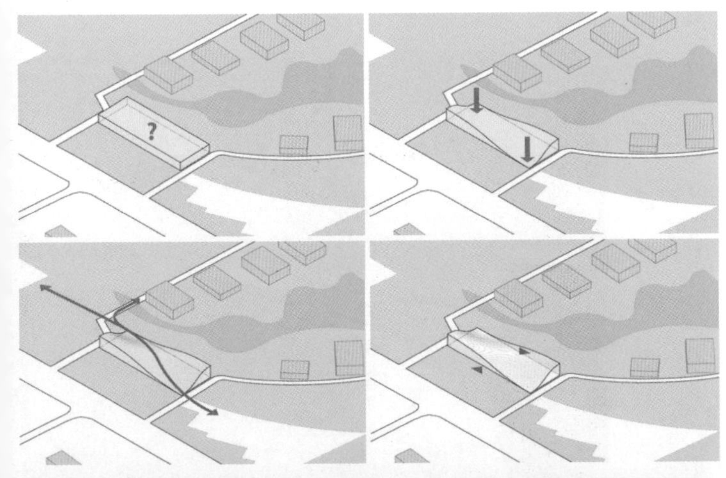

该建筑位于北京可持续园区的入口处，主要功能为绿色展览、科技教育、展品储藏。但是建筑的巨大体量阻挡了人们从停车场通往研发中心的道路，并且阻挡了沿街的景观视线。为了解决建筑对周边环境产生的一系列影响，同时尽可能地达到低技术低造价的要求，设计师将建筑体量的对角线下压形成了一个扭曲的建筑形态，平缓的屋顶创造了一条连接停车场和研发中心的便捷通道，参观者可以直接从建筑屋顶穿过，还可以有机会从屋顶俯瞰整个园区。

通过立体交通使建筑与交通功能复合

项目名称：阿布扎比中央商务区索沃桥
建筑设计：BIG 建筑设计事务所
图片来源：http://www.big.dk

索沃桥的设计重点不是创造跨度最长、最复杂结构或是一种升起的地标式形态，而是要在两个城市地域之间的连接部分创造一个独特的有识别性的桥梁，同时使索沃岛成为整个城市肌理的一部分。因此，建筑师将各种城市功能包括海滨餐厅、户外活动、休闲广场等与索沃桥复合在了一起，创造了一个多功能的立体交通，使这个复合体成为了一个城市中有吸引力的目的地，而不只是一个通过性的桥。

通过立体交通使建筑与交通功能复合

项目名称：桥梁住宅

建筑设计：BIG 建筑设计事务所

图片来源：http://www.big.dk

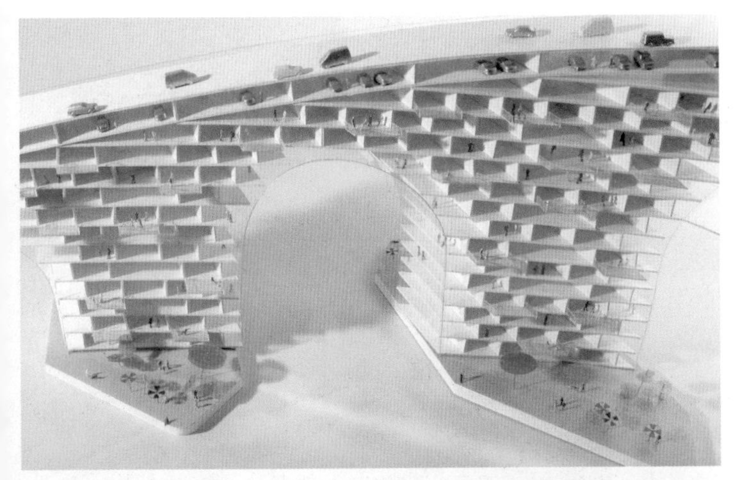

建筑师认为丹麦的每一座大型桥梁，它的整体结构都享有与其他基地无可比拟的自然环境。因此，他们希望充分利用桥梁这种越过景观的大跨度结构形式对于自然环境的巨大优势，创造一座具有多功能的桥梁。建筑师将多功能混合（包含住宅、零售、娱乐、停车等）的建筑作为桥墩，取代了传统桥梁选择钢筋混凝土作为桥墩的做法，顶部则是传统桥梁的路面。建筑功能与车行交通的复合不仅充分利用了自然景观，并且为城市创造了一个高效的立体交通。

通过立体交通使建筑与交通功能复合

项目名称：SUPSI 瑞典应用科学大学项目
建筑设计：隈研吾建筑都市设计事务所
图片来源：http://kkaa.co.jp/

该项目位于瑞典门德里西奥市，校园与城市之间被一条重要的轨道交通隔断，成为了此次建筑设计的一大障碍。基于这种情况，建筑师设计了一个巨大的空中台阶，并结合了过街天桥和大型地下通道，建立了一个循环的交通系统。人们可以顺着过街天桥登上建筑的屋顶，也可以顺着坡道走进校园。同时，屋顶的交通线路连接了一系列开放的公共空间，使校园成为了衔接城市两个区域的催化剂。

通过立体交通使建筑与交通功能复合

项目名称：街区心脏
建筑设计：ZA 建筑设计事务所
图片来源：http://www.archdaily.com/

建筑师通过在街区之间建立一个小型连接体来组织道路两旁的酒店，这个拥有小型电影院、图书馆、游乐场、商店、展览空间、咖啡厅、酒吧、酒店接待处、休息区、会议厅等多种公共活动为一体的建筑跨越了街道，形成了一个多功能复合的过街天桥。所有的人流都可以通过“街区心脏”交汇，并且可以直接通过街道上的步道和电梯进入。“街区心脏”的主要功能就是把公众引入，并在这个狭窄的空间中给平常工作繁忙的人们一个互动交流的机会。

03

建筑与公共设施复合

建筑功能的多样性、开放性推动了建筑与公共设施的复合，公共设施的引入激发了建筑释放自身机能的潜力和能量，活跃了建筑空间，同时以更加多样化的功能来为更多类型的社会公众服务。正如美国建筑理论家斯坦·艾伦认为的那样，“当代城市体验不再是尺度放大的过程，而是对运动的尺度和速度迅速改变的体验。今天人们试图以最快捷的方式从迷宫般的室内移动到运动系统中；比如直接从购物进入高速公路，而这样的设施也越来越多；购物城、高速公路转换站、城郊电影综合体、运输交通中心、传统中心的临时市场、大量扩散的休闲娱乐，等等”。城市中的运动设施、基础设施开始与建筑功能复合起来，创造出了新的建筑类型。

建筑与运动设施复合

项目名称：天台县赤城二小学
建筑设计：零壹城市建筑事务所
图片来源：http://lycs-arc.com/

设计师将200m的跑道放置在了建筑的屋顶上，这一大胆而富有创新的尝试基于有限的基地面积，从而为学校赢得了额外3000m²的公共活动空间。跑道的引入不仅为师生提供了便利的活动空间，同时将校园建筑作为单一功能的形式变得更加复杂多样化。

建筑与运动设施复合

项目名称：Sinaloa 自行车赛车场

建筑设计：BNKR 建筑设计事务所

图片来源：http://news.buildhr.com/

为了充分地展现自行车运动的活力，建筑师没有设置大面积的室外活动空间，而是将自行车室外活动复合进了建筑之中。自行车场地的室外车道穿过公园进入运动场馆，并在建筑内部螺旋上升，将整个场馆缠绕起来。建筑包含两个独特的螺旋车道系统，都由半透明的钢丝网格保护，车道连续上升至最高点后都统一进入另一个旋转车道，最终创造了一条先上后下的螺旋环路，动态连续的车道为公众提供了一个有趣的运动体验。

建筑与运动设施复合

项目名称：哥本哈根 8 字住宅　上海世博会丹麦馆
建筑设计：BIG 建筑设计事务所
图片来源：http://www.big.dk

在 BIG 建筑设计事务所的建筑作品中，经常能看到建筑与运动设施复合的身影。例如哥本哈根“8”字住宅和 2010 年上海世博会的丹麦馆，建筑师将自行车——这个在丹麦十分重要的交通工具带进了建筑，通过在建筑内部和屋顶设置自行车坡道，使人们可以骑着自行车到达建筑的任何一个地方，极大程度地激活了建筑自身的活力。

建筑与运动设施复合

项目名称：芬兰滑雪度假村
建筑设计：BIG 建筑设计事务所
图片来源：http://www.big.dk

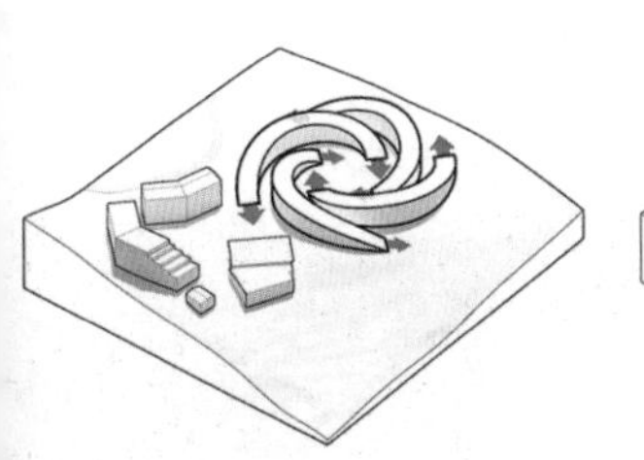

度假村位于芬兰的一个滑雪胜地，设计师将建筑以螺旋放射状的形态在基地之中展开，通过屋顶的起伏变化创造了一个连绵起伏的滑雪跑道，每个建筑的屋顶都能让滑雪者从上滑到下。该方案通过独特的屋顶设计使滑雪项目与建筑复合起来，使得运动设施与高品质的住宿环境相融合，满足了各类滑雪爱好者的需求。

建筑与运动设施复合

项目名称：卡诺阿斯 UFCSPA 校园
建筑设计：OSPA 建筑设计事务所
图片来源：http://www.iarch.cn

这是巴西卡诺阿斯 UFCSPA 校园的竞赛方案，建筑师给这个被城市包围、用地紧张的校园设置了一个漂浮的空中足球场。空中足球场下面的空间则作为篮球球场以及其他综合用途空间。这样处理有效地解决了人口密度所引发的矛盾。两栋方体教学楼立于足球场的两端，位于入口位置的教学楼被悬挑起来，下方的空间用作学校入口通道。

建筑与基础设施复合

项目名称：首尔麻谷购物中心
建筑设计：Wooridongin 建筑师设计事务所
图片来源：http://photo.zhulong.com/

基地位于 Festival 大街，不仅是首尔重要的交通枢纽中心，又是城市开放绿化系统的重要组成部分。为了尊重现有的景观环境并为市民提供一个多样化的活动平台，建筑师将购物中心放置在了地下，与地上的公园广场复合在了一起。

建筑与基础设施复合

项目名称：林肯路 1111 号多层停车库
建筑设计：赫尔佐格和德梅隆
图片来源：http://zhan.renren.com/

赫尔佐格和德梅隆设计的林肯路 1111 号多层停车库位于迈阿密海滩，建筑师希望能改变人们对停车场的观念，使多功能复合的车库成为一种新的建筑类型。这座建筑不仅是停车库，而且融合了购物、休闲、餐饮、聚会等多种功能，同时，拥有海景的多功能区域也为取车的人提供了舒适的等待空间。这种复合方式极大地激活了大型公共设施的剩余空间，并为停车建筑注入了活力和生气。

建筑与基础设施复合

项目名称：泰国超级水库项目
建筑设计：Super Machine 建筑设计事务所
图片来源：http://www.gooood.hk/

季节性旱涝不均的状况使泰国用水状况越来越恶化，建筑师试图寻找一个新颖、高效、有活力的解决方案进行水源管理。功能单一的水库项目不仅实现起来费用巨大，而且破坏自然环境，如果找到一种与公众生活息息相关的形式，似乎更加有效。因此，建筑师将庞大的水库与建筑复合起来形成了一个超级水库城。

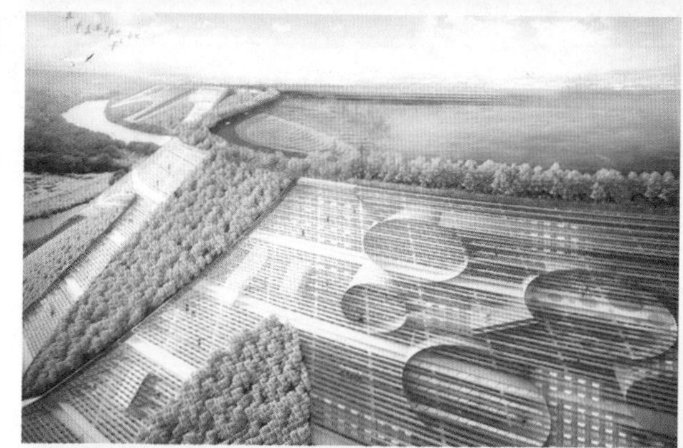

建筑与基础设施复合

项目名称：香港中环汽车塔楼
建筑设计：CCDI 墨照工作室
图片来源：http://www.archdaily.com/

传统机械式的停车方式往往具有高效率的特点，但是它功能的单一性和局促性成为了营造空间和功能体验设计的桎梏。在该方案中，建筑师将机械式停车区放置在建筑顶层，并创造了一个80m高的透空中庭。汽车通过螺旋式的运送电梯和水平坡道从底层输送到相应的停车位，连续运动变化的机械式停车方式结合中庭空间为建筑营造了一种与众不同的空间氛围。停车塔在一定程度上是一座公共建筑，它容纳了多样化的公共活动空间，丰富的娱乐活动使市民可以在这里自由穿越和驻足停留。

建筑与基础设施复合

项目名称：“天空街道”汽车塔楼
建筑设计：Hugon Kowalski 和 Adam Wiercinski
图片来源：http://www.bustler.net/

传统的城市街道包括机动车道、停车区域、人行道和有轨电车轨道，该建筑将这些街道元素都纳入其中，同时巨大的中庭融合了两个不同标高的多功能活动区。

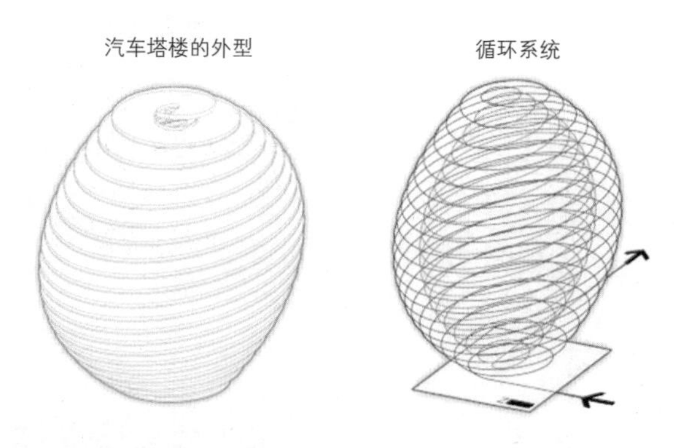

建筑与基础设施复合

项目名称：波兰水塔
建筑设计：Adam Wiercinski 建筑设计事务所
图片来源：http://www.zhulong.com/

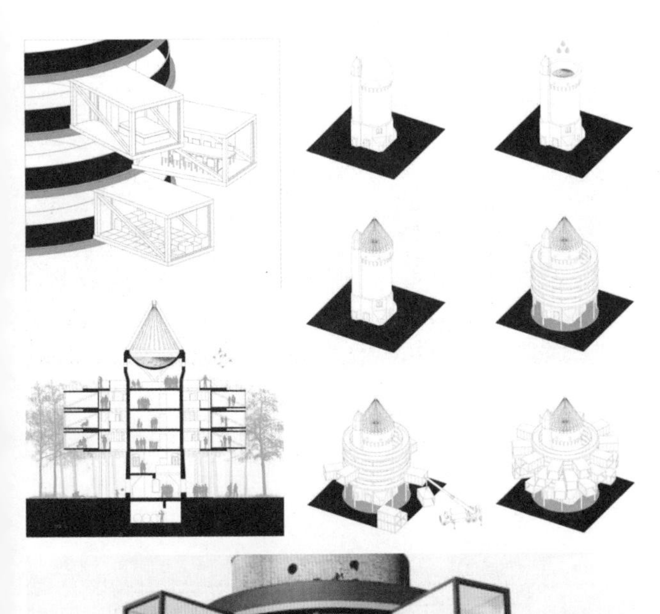

设计师将哥特时期遗留下来的水塔进行加建，打破了新旧功能之间相对立的关系，使两者共存于一个完整的体系中。同时在该建筑的上层设计了一个小酒吧，在其中可以拥有绝佳的景观视野。建筑与水塔的复合不仅保留了原始的功能，同时还带动了水塔内部和外部的闲置空间，使功能空间得到最大化的利用。

建筑与基础设施复合

项目名称：拱形市场
建筑设计：MVRDV 建筑设计事务所
图片来源： http://www.mvrdv.nl/

MVRDV 建筑设计事务所在荷兰鹿特丹设计了一座拱形室内集市。拱形建筑为大型公寓，集市则被放置在了拱形建筑之下，建筑与基础设施的复合使两个相近的功能相辅相成。

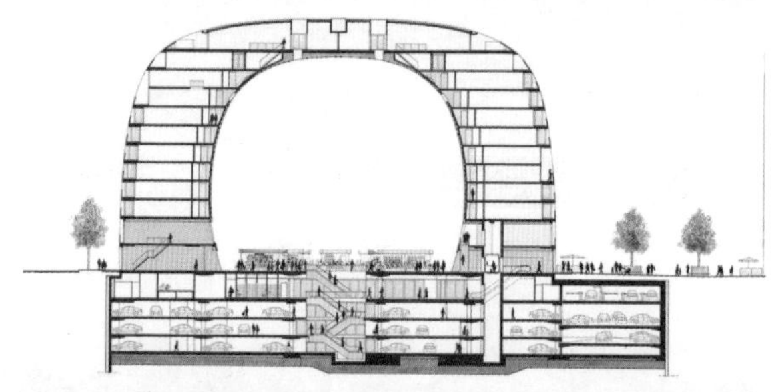

建筑与基础设施复合

项目名称：桥梁式多层停车场
建筑设计：AS-DOES 建筑设计事务所
图片来源：http://www.zhulong.com/

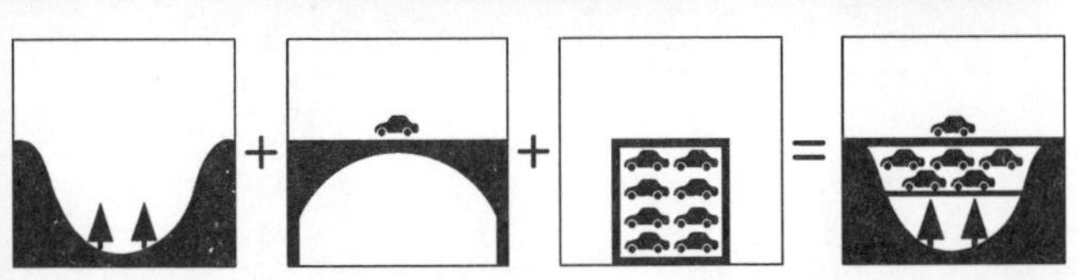

该项目将桥梁和停车场统一在同一建筑体中。

事实上，根据当地地形，建造停车场需要开挖大量山体，并且需要额外的填埋工程以防山体滑坡。而该项目的预制施工法为这座多层桥梁式停车场带来了高效的功能性，在原有地形结构基础上创造了明亮的内部空间。其外观与周围环境和谐相融，同时开挖和填埋工程在最大程度上避免了对区域生态环境产生无法挽救的影响。

04

通过弱化边界使功能与交通实现复合

在这个信息技术飞速发展的年代，大部分建筑已经不满足其特定的功能限定，图书馆不再局限于收藏图书，剧院不仅仅是简单的演出，博物馆也不只是简单展览，而是变成了一个个互动交流、分享创意、团体合作、公共活动的场所。随着高效的生活节奏和工作节奏的不断加快，人们渴望寻求一种放松的方式。以至于许多人置身于建筑中却并没有很强的目的性，他们并不是要参与到建筑的特定功能之中，而是通过在行进的过程中参与各种社会活动的互动，同时随着建筑空间的连续性变化，以达到人与人之间交流、人与建筑空间之间交流的目的。通过弱化边界使功能与交通实现复合，为人与人的交流互动打开了一扇门。交通空间不再与功能空间相对独立，而是融合在一起形成了新的空间形式。

通过弱化边界使功能与交通实现复合

项目名称：赫尔辛基图书馆
建筑设计：MMP 建筑设计事务所
图片来源： http://www.gooood.hk/

设计师试图把建筑看成是一个森林温室，内部采用了和森林一样的结构体系。柱子在透明的玻璃表皮中若隐若现，就像树干穿梭于建筑之中一样。建筑中的私密空间被分别放置在了建筑的地下和屋顶部分，其余所有的公共空间都被复合在了一个个独立的平台上，这些平台围绕着建筑的中心螺旋上升，就像森林中的一个个树冠，直到屋顶的最高点——“冬日花园”。每一个平台都是一个开放的空间，并且错落有致。种类丰富的景观植物被引入到平台上，人们穿梭于建筑之中，就像行走于森林之间一样。

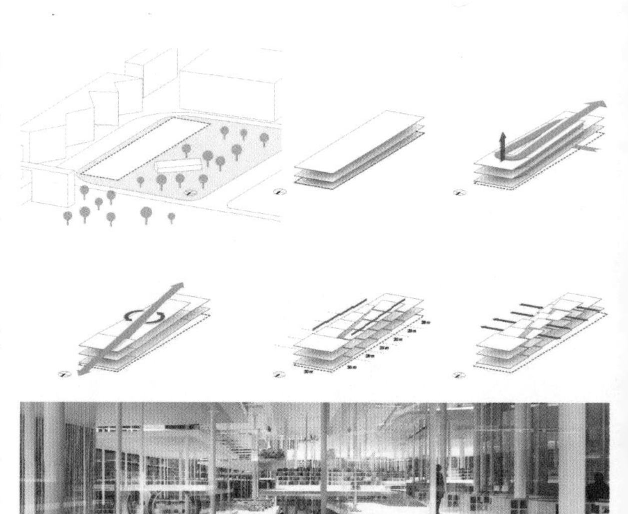

通过弱化边界使功能与交通实现复合

项目名称：Beton Hala 滨水中心
建筑设计：藤本壮介
图片来源： http://www.archdaily.com

这个由带状坡道缠绕组成的滨水中心被建筑师称为“漂浮的云”。环绕的坡道将人行道路与地下停车库分离开，并向多个方向延伸连接了轮渡码头、有轨电车站、巴士站、城市中心区、公园和多瑙河。这座建筑物作为文化和社会功能的复合系统，用连续流动的循环漩涡结构连接了多个地区，交织复杂的螺旋坡道像一个线团一样让参观者在各个区域的多种功能空间中找寻属于自己的最佳位置。

通过弱化边界使功能与交通实现复合

项目名称：瑞士劳力士学习中心
建筑设计：SANAA 建筑设计事务所
图片来源： http://www.landscape.cn

劳力士学习中心内部没有固定的走廊和门厅，甚至没有固定的功能空间和行走路径。使用者进入建筑可以自由地选择做什么、如何进入某个功能。建筑里每个空间都不是固定的，任意一个功能都由使用者自己定义，可以是走廊、学习空间，也可以是交流空间，功能完全融合所形成的空间不确定性赋予了使用者极大的自由。这种独特的空间体验来自于妹岛和世“建筑公园化”的概念，“我觉得在这种空间中，会产生很多活动。对建筑设计，我是作为一个场所来思考的，把它看作一个人与人相聚的场所，我的出发点是人与人的交流和相会，让建筑进入到人的一种行动中”，这就是她设计的出发点。

通过弱化边界使功能与交通实现复合

项目名称：七滨小学 + 初中
建筑设计：乾久美子
图片来源：http://www.inuiuni.com/

基地周边有着丰富的自然景观。建筑师用一个低层的连续空间将教学空间与交通空间完全融合在一起，植入森林之中。同时，建筑师又将一系列大小不等（从普通的家具尺度过渡到建筑尺度）的“四条腿的木屋”随机地穿插在连续空间之中，木屋遍布于学校各个角落，我们可以称之为“亭子”。“亭中之亭”创造了一系列相对来说更加有归属感的、私密的空间，但是它们仍然不属于室内，空间之间的相互嵌套使空间逐层地模糊。这些亭子可以容纳学校内各种各样的活动，形成一个个在森林里，与树木与植物共存的“森林小空间”。

通过弱化边界使功能与交通实现复合

项目名称：上海嘉定新城幼儿园
建筑设计：大舍建筑设计事务所
图片来源： http://www.deshaus.com/

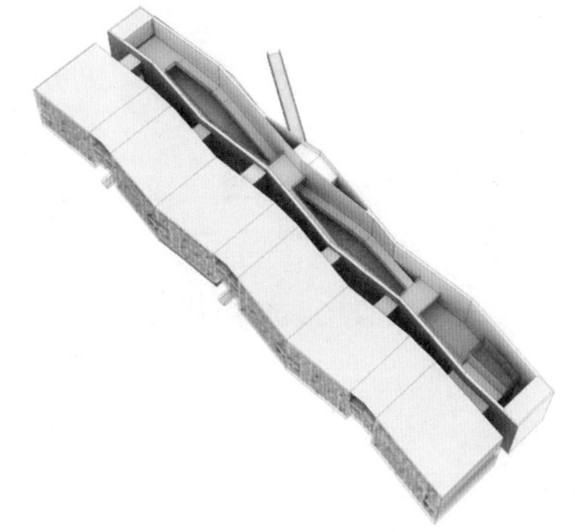

该幼儿园位于上海北部郊外的一片原野之上，其主要由两个独立的体块结合而成：北部的体块是主要的交通空间（一个由众多连接不同标高的坡道组成的公共空间），南部的体块则是主要的教学和辅助用房，包括全部的教室和寝室，还有一些合班教室。以坡道为核心的交通空间复合了公共空间，成为了整栋建筑的中庭，不同的空间标高和亮丽的墙面色彩为孩子们提供了一个异于传统学校建筑的教学体验。

通过弱化边界使功能与交通实现复合

项目名称：天津市西青区张家窝镇小学
建筑设计：直向建筑设计事务所
图片来源： http://www.vectorarchitects.com/

该建筑主要由两个独立的体块东西连接而成：西边的体块为风雨操场和餐厅，东边的体块为主要的教学和办公用房。建筑师将教室集中排布，并将一个复合的交流互动平台植入整栋建筑的二层，其周围参差不齐地放置了学校最具活力和能量的图书馆、舞蹈教室、音乐教室等互动频繁的教学功能，三、四层放置了普通教室和实验室。这个复合交流平台通过楼梯和坡道连接了三、四层的教学空间，每层的学生都可以方便快捷地到达这个交流平台。这个被建筑师刻意放大了的空间体验继续延伸到室外和屋顶活动平台相连，与室外景观对话。同时屋顶天窗为这个空间带来充足的阳光和通风，使这个复合的交流互动平台成为了整栋建筑最具活力的中心。

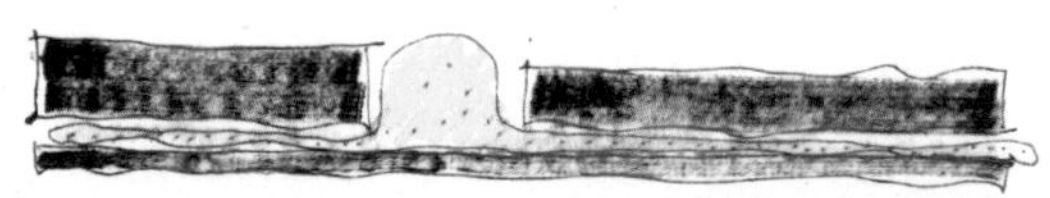

剖面

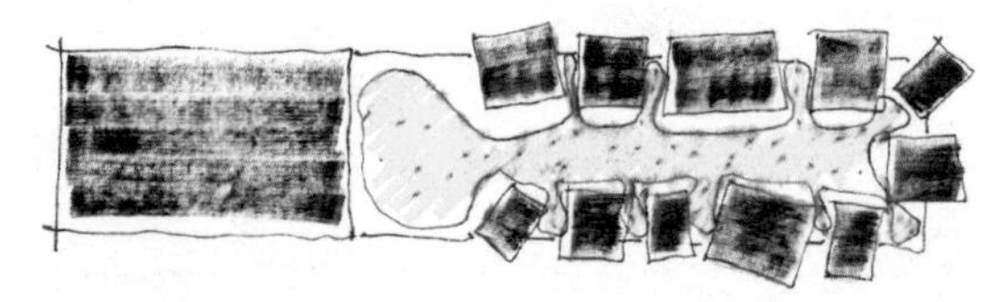

平面

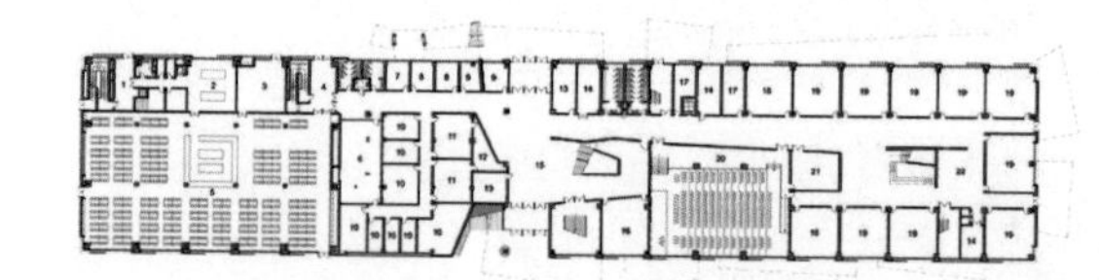

通过弱化边界使功能与交通实现复合

项目名称：Maggie’s Gartnaval 医疗康复中心
建筑设计：雷姆·库哈斯
图片来源：http://www.oma.eu/home

雷姆·库哈斯在设计中尽量回避传统医疗建筑狭长的走廊形成的压抑空间对患者心里的抑制，并充分弱化交通空间与功能空间之间的关系，用空间来展现建筑的“康复”主题。他用错位和嵌套的方式将各功能空间连为一体，食堂、厨房、会议室、多媒体室和洽谈室相互组合的连续空间取代了封闭的、单一的走廊空间，清晰的空间布局将走廊与门厅的功能最小化，各功能既相对独立又互相联系，极大地削弱了传统医院空间带来的压抑感。同时，连续的空间序列被不断变化的空间和功能所打断，为患者创造了一个既能穿越又能驻足停留的公共空间，患者既可以独处在角落里，也可以随意交流沟通。

通过弱化边界使功能与交通实现复合

项目名称：哥伦比亚大学医学中心
建筑设计：Diller Scofidio + Renfro 建筑设计事务所
图片来源：http://www.designboom.com/

设计师将功能空间和交通空间部分融合在一起形成了一个独具特色的多功能室外共享空间。建筑中所有的交流和公共空间（包括咖啡厅、休息室、室外阳台）都被融合在这里，用这些相对私密的小空间来划分完整的空间体量，同时各空间之间被流动的垂直交通串联起来，形成了通高、镂空、曲折等多样化的空间效果。丰富的垂直交通系统不仅具有良好的景观视野，而且其透明的处理方式将室内空间完全展示给公众，成为一个信息发布的媒介，同时为整栋建筑带来了充足的采光和通风。

通过弱化边界使功能与交通实现复合

项目名称：赫尔辛基中央图书馆
建筑设计：JAJA 建筑设计事务所
图片来源：http://www.ja-ja.dk/

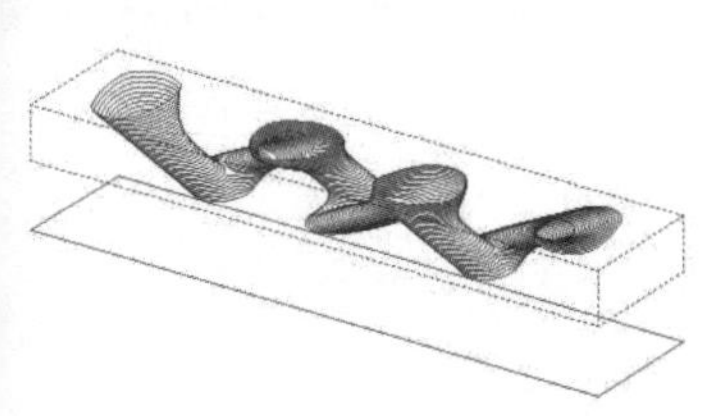
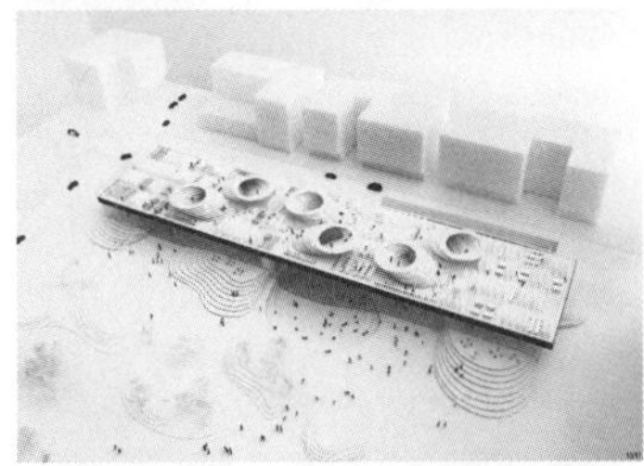

建筑师设计了一个独特的学习景观系统，巧妙地将交通空间与图书馆部分功能空间复合在了一起。“学习景观”是一个完全开放的、从建筑外围一直延伸到建筑屋顶的、充满活力的山丘地形景观。参观者从建筑周边沿着山丘进入图书馆大厅，通过蜿蜒曲折的大型中庭空间阶梯上升，四个阶梯状的中庭相互错落斜插在建筑各层之间，像一个溶洞一样将图书馆中所有的垂直交通空间囊括其中。在不同的深度和宽度、内侧和外侧为参观者提供了全新的、灵活的、多功能的阅读体验。

05

通过强化路径使各种功能融为一体

参观者与建筑空间是经过和穿越的体验关系，参观者无规则行走并不断改变位置，在一系列的建筑空间中移动，通过人的视觉和运动形成了连续动态的体验，同时空间序列逐渐被强化，这就是“通过强化路径使各种功能融为一体”的实质。强化路径重点考虑的是各个空间之间的组织模式和参观者的运动体验，是衔接两者的形式而不是其本身，这种复合方式使空间序列在参观者的移动过程中不断被感知，不断被强化。

通过强化路径使各种功能融为一体

项目名称：莫比乌斯住宅
建筑设计：UN STUDIO 建筑设计事务所
图片来源： http://www.unstudio.com/zh

以莫比乌斯命名的这座建筑不仅表现了建筑形态的循环交织，而且契合了业主的独特生活方式——一种既相互分离又相互融合的、不同于传统住宅模式的居住方式，并创造了一个将日常起居、工作学习、娱乐休闲结合为一体的动态循环的空间序列。两条相互缠绕的行走路径形成了一个双重闭合的环形，将两个人的生活融入于循环的空间体系中。

通过强化路径使各种功能融为一体

项目名称：路易威登旗舰店
建筑设计：UN STUDIO 建筑设计事务所
图片来源：http://www.unstudio.com/zh

建筑师将路易威登独特的品牌特质物化成一条动态连续的空间序列融入建筑之中，建筑内部分为三层，每一层都设置了不同标高的错层平面，同时拥有不同的功能。大小不一的空间通过一个垂直的中央电梯连接，购物者可以乘坐中央电梯直达各层空间，也可以通过扶梯和坡道螺旋上升，然后通过建筑边缘连接不同标高错层的旋转楼梯逐层向下。清晰的循环流线将各个错层的功能空间复合起来，同时穿插于建筑中的露台花园又为建筑提供了更加多样化的功能，是该旗舰店在竖直高度上的又一个层次。

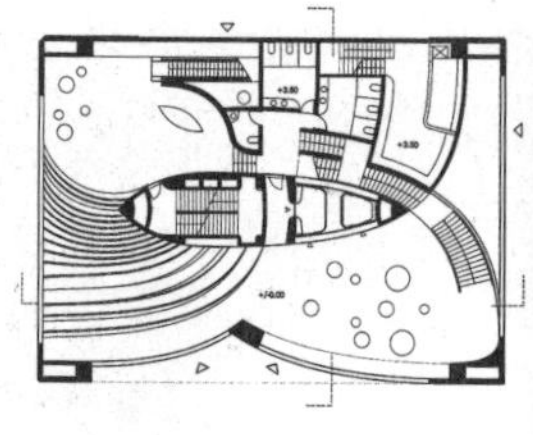

通过强化路径使各种功能融为一体

项目名称：上海世博会丹麦馆
建筑设计：BIG 建筑设计事务所
图片来源：http://www.big.dk

建筑师将展馆的三个主题——“我们如何生活”“我们如何娱乐”“我们如何设想未来”作为设计的主线，通过空间的上下重叠与倾斜，实现了这三个主题的无限循环往复，人们在室内与室外空间中互相穿梭，周而复始地运动着。正是通过连接参观流线起点与终点的方式使建筑空间充满了流动感，打破了传统的室内空间和室外空间二元对立的观念，实现了连续而又动态的空间体验。

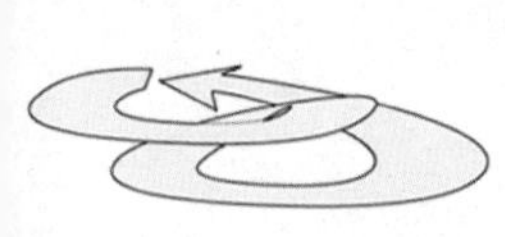

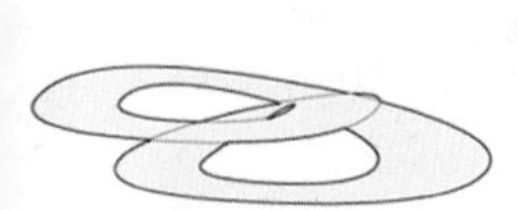

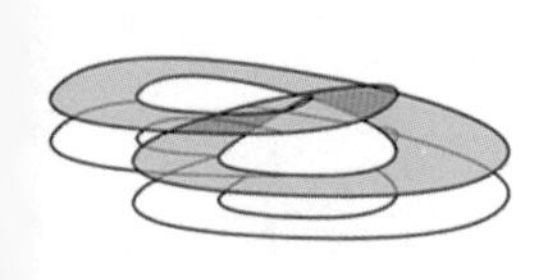

通过强化路径使各种功能融为一体

项目名称：MADU 博物馆
建筑设计：FREE 建筑设计事务所
图片来源： http://www.designboom.com/

设计师将展览主题物化为两个螺旋流线系统：螺旋上升的旋转坡道和螺旋下降的旋转坡道，人们会沿着螺旋形路线参观博物馆并途经几个不同类型的展厅，流线首尾相接形成了一条循环流动的交通系统，为参观者提供了开放而有机的空间体验。

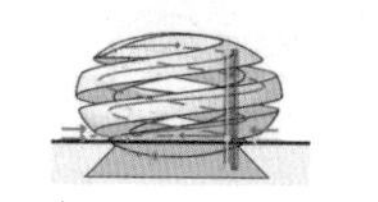

通过强化路径使各种功能融为一体

项目名称：哈萨克斯坦新国家图书馆
建筑设计：BIG 建筑设计事务所
图片来源：http://www.big.dk

建筑内部空间的组织方式运用了 2010 年上海世博会丹麦馆中首尾相连的倾斜圆环，将图书馆、博物馆、辅助功能空间有机地连接成为一个整体，传统的、适合展览和借阅功能的线性功能空间被复合到一个动态循环的三维序列之中。公共空间被动态地联系起来，使得参观者的游览路线在源源不断的空间中得到了延续。建筑外表皮则运用了拓扑学中莫比乌斯环的概念，由于视线角度的不同，建筑的墙体、楼板和屋顶三者之间的角色不断地变换着，墙体时而变成了屋顶，时而又变成了楼板。参观者在被室内动态空间影响的同时，建筑的外表皮也在翻来覆去地变化着，形成了一个动态而又循环往复的空间模式。

通过强化路径使各种功能融为一体

项目名称：梅赛德斯奔驰博物馆
建筑设计：UN STUDIO 建筑设计事务所
图片来源： http://www.unstudio.com/zh

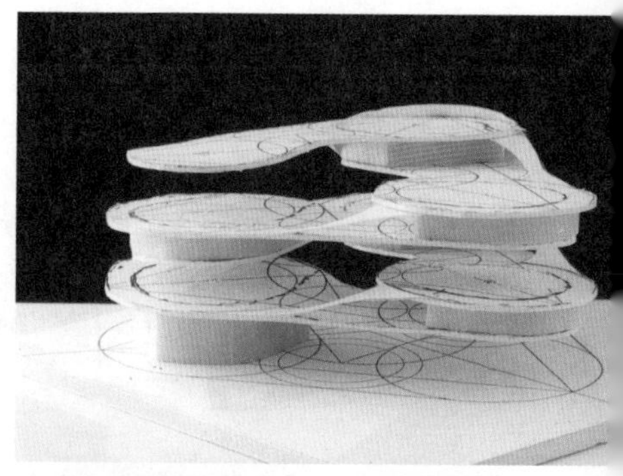

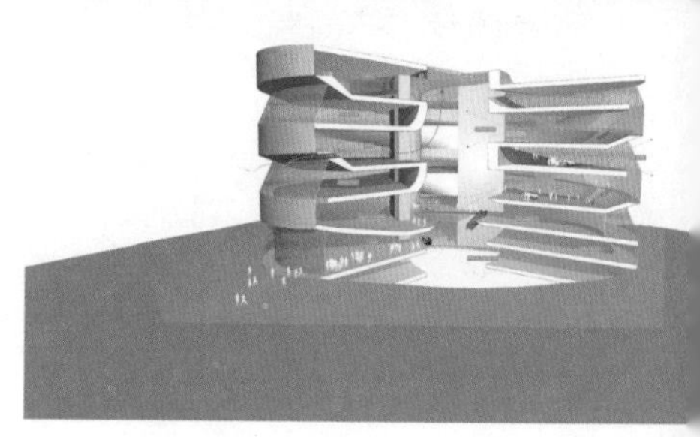

博物馆的概念原型来源于一个平面为三叶草形状的多重套索空间组织模式。从平面上看，这个模式有三个圆形相交构成，圆心分别位于正三角形的三个顶点上。从空间上看，三个圆形坡道围绕着三叶草中心不断旋转上升，形成六个对称的展览空间，它们之间由缓坡和步道衔接。

参观者的游览路线从博物馆的中央大厅开始，然后沿着两条不同的主题流线参观游览。这两条流线围绕着展台边缘螺旋上升，同时为了方便参观者更改线路，中间还设置了交叉点。随着高度的不断增加，空间序列按顺序依次展开。这种螺旋上升的三叶草流线塑造了一个全新的空间结构，行走其中，参观者无法清楚地形容自己所处的位置，也不知道下一步将会走向哪里，一切都在以探索性的方式进行着。

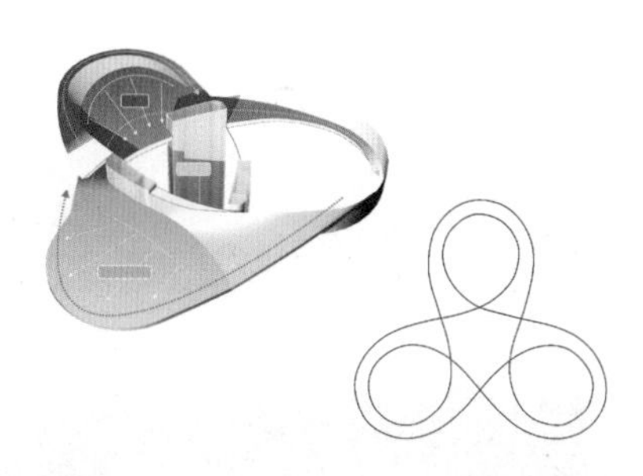

通过强化路径使各种功能融为一体

项目名称：中国国家美术馆新馆
建筑设计：雷姆·库哈斯
图片来源：http://www.oma.eu/home

该美术馆周边的行人与交通流线可以在关键点贯穿整个美术馆，并与美术馆的中心区域相互连接。在交织融合的如马赛克拼图般的空间中，建筑流线与功能空间复杂地交织在其中。表面看来，美术馆像一个错综复杂的巨大迷宫，其实三条主要流线相互衔接、交错、叠置，不同的流线有着不同的空间体验：首先，游客可以通过星形的公共步道，直接穿梭于不同类型的艺术展览中，并可迅速到达主体建筑中；其次，可以通过周边连续贯通的长廊，瞬间获得纵观街景般清晰而全面的参观感受；另外，喜好探索式参观的游客，可以自行开辟独特的参观线路，并在相对独立的安静角落独自品味杰出的艺术作品。

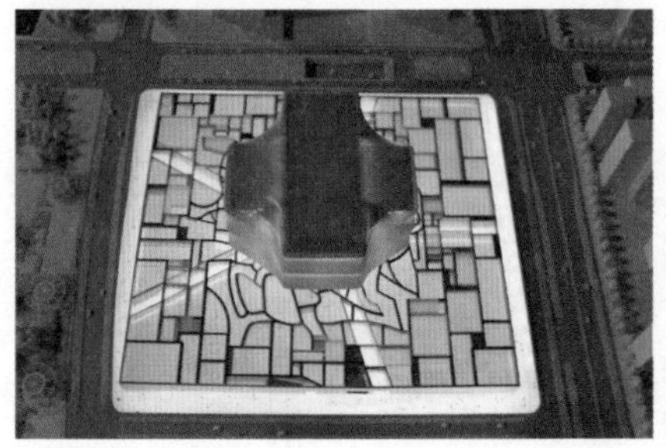

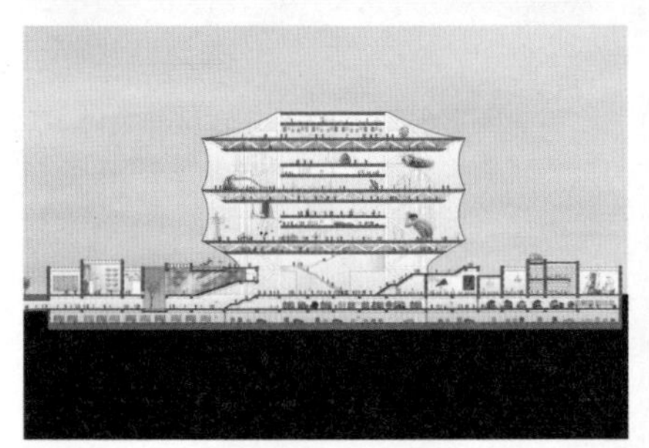

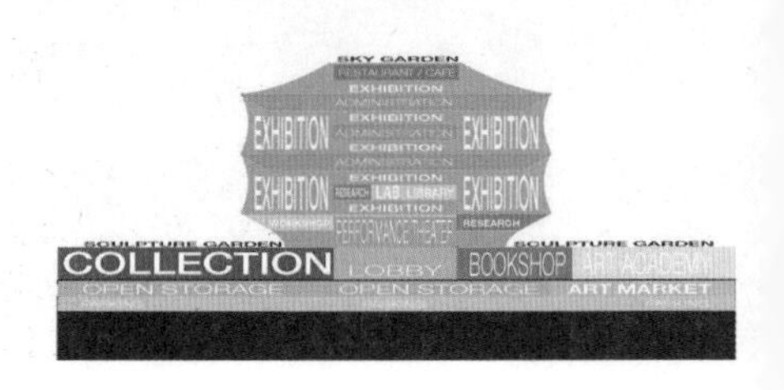

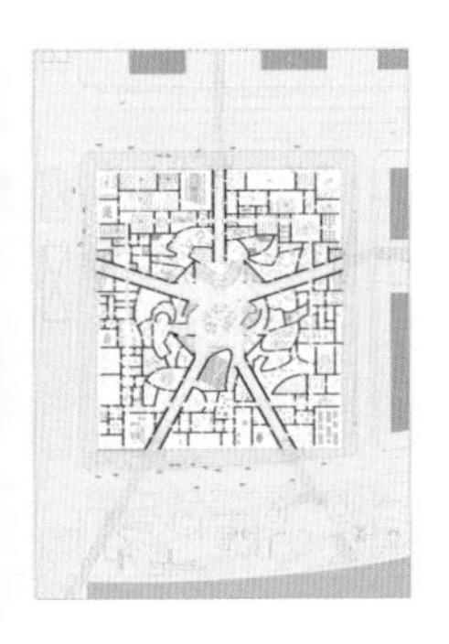

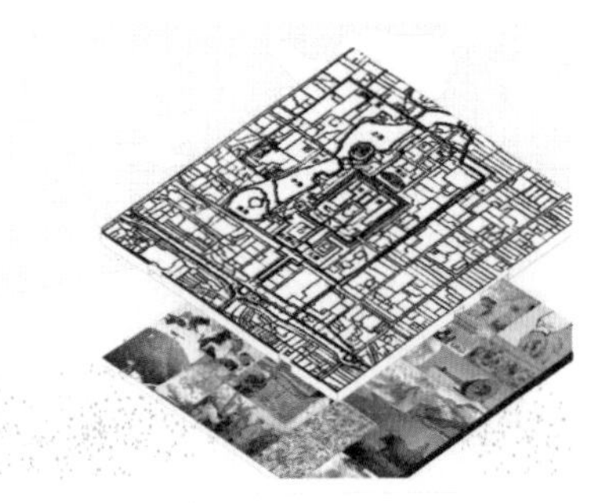

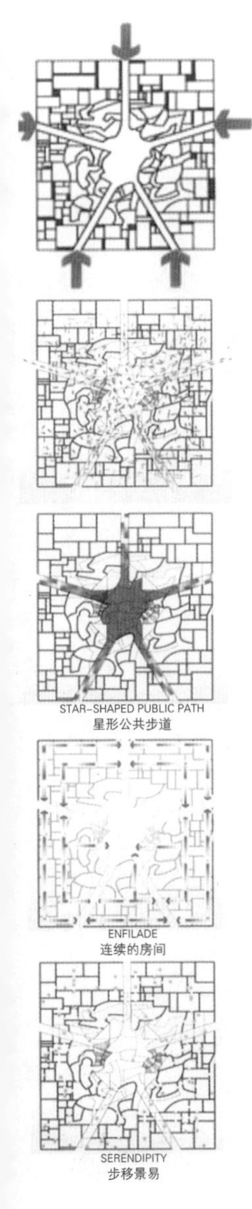
STAR-SHAPED PUBLIC PATH
星形公共步道
ENFILADE
连续的房间
SERENDIPITY
步移景易

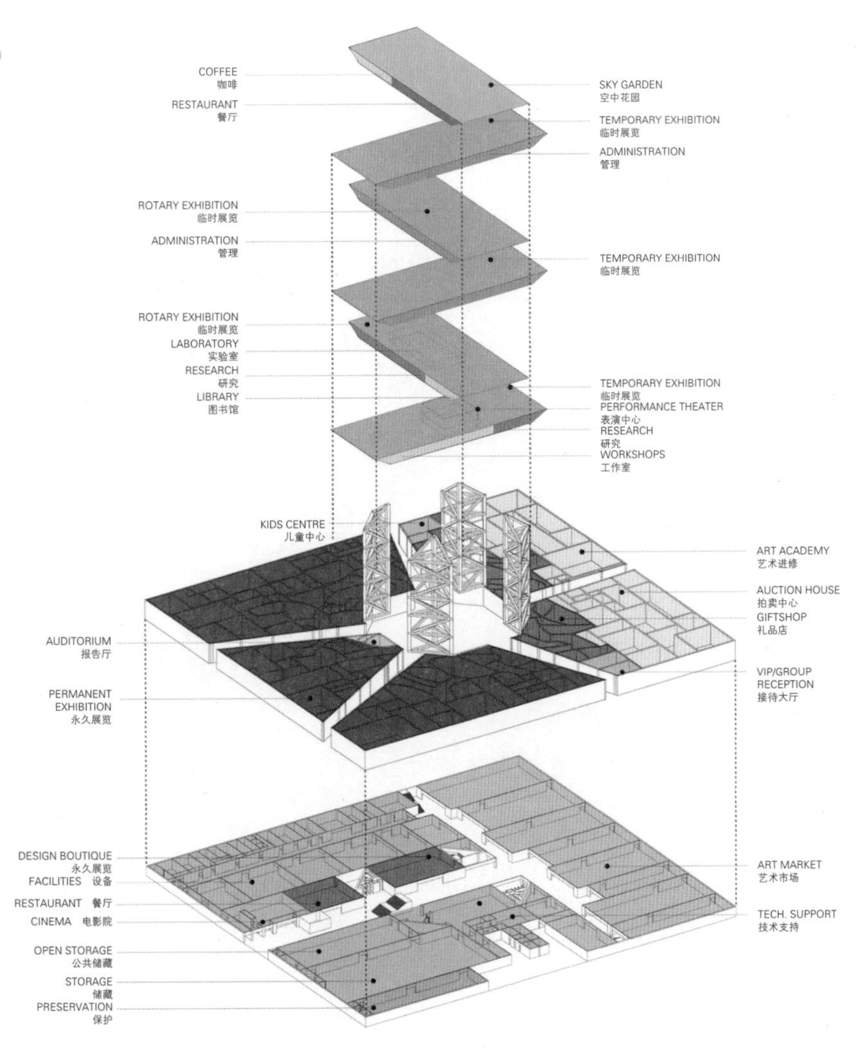
COFFEE
咖啡
RESTAURANT
餐厅
SKY GARDEN
空中花园
TEMPORARY EXHIBITION
临时展览
ADMINISTRATION
管理
ROTARY EXHIBITION
临时展览
ADMINISTRATION
管理
TEMPORARY EXHIBITION
临时展览
ROTARY EXHIBITION
临时展览
LABORATORY
实验室
RESEARCH
研究
LIBRARY
图书馆
TEMPORARY EXHIBITION
临时展览
PERFORMANCE THEATER
表演中心
RESEARCH
研究
WORKSHOPS
工作室
KIDS CENTRE
儿童中心
ART ACADEMY
艺术进修
AUCTION HOUSE
拍卖中心
GIFTSHOP
礼品店
AUDITORIUM
报告厅
VIP/GROUP
RECEPTION
接待大厅
PERMANENT
EXHIBITION
永久展览
DESIGN BOUTIQUE
永久展览
FACILITIES 设备
RESTAURANT 餐厅
CINEMA 电影院
OPEN STORAGE
公共储藏
STORAGE
储藏
PRESERVATION
保护
ART MARKET
艺术市场
TECH. SUPPORT
技术支持

通过强化路径使各种功能融为一体

项目名称：PONTE PARODI 综合体
建筑设计：UN STUDIO 建筑设计事务所
图片来源：http://www.unstudio.com/zh

这座三层的综合体包含了一个观演剧场、邮轮码头、咖啡厅和餐厅。多功能的建筑由三条主要流线交织在一起，其中包括内部功能流线、屋顶绿色流线、活动空间休闲流线。通过流线的设计巧妙地将室内外空间结合到一起。参观者可以通过一条人行步道到达开放的功能区以及屋顶广场，人行道路围绕着建筑功能布置，从中延伸出来的次干道还可以直达屋顶。这条步道从基地附近的街道开始一直延续到海边，最终形成了一个滨水休闲廊道。内部流线结合了公共空间流线将首层的商业空间联系了起来。

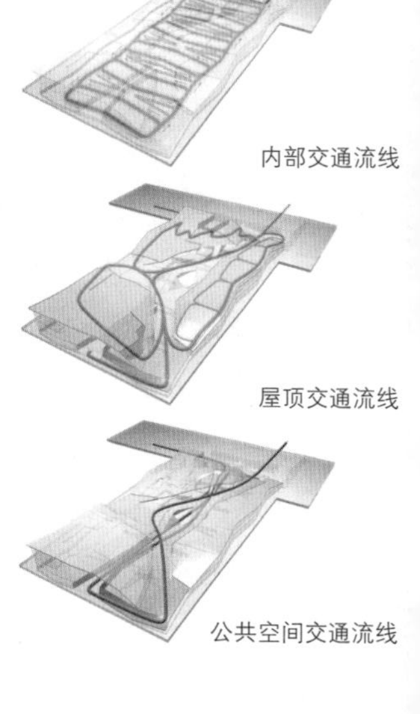

通过强化路径使各种功能融为一体

项目名称：新加坡科技与设计大学
建筑设计：UN STUDIO 建筑设计事务所
图片来源：http://www.unstudio.com/zh

建筑师将学校四个重要学科分别放置在了四幢教学楼中，其中学生生活区和教学区组成了校园的两个主要轴线，而这两个轴线的交叉点成为了整个校园的活力中心。通过运用水平、垂直以及对角线方向的多方向组织的网状结构将整体校园覆盖，并在网格交点处形成了丰富的公共空间，它不仅可以满足师生之间互相交流学习的需求，并为未来的持续交往和互动提供了可能。建筑之间复杂交织的通道将校园的每个角落联系起来，使整个学校实现了无缝连接，参观者可以顺着步道到达每个功能空间，充分提升了学校的开放性和通透性。

06

多种建筑功能之间的优化整合

多种建筑功能之间的优化整合是指多样化的建筑功能通过优化重组，共同存在于一个完整的体系中，它不是简单的“量”的累积，而是发生了“质”的变化。通过不同建筑功能之间的组合产生了新的建筑形式、空间、模式等，激发了建筑活力，实现了共同的系统效应。多种建筑功能的优化整合，能消除简单功能的不足，机能的协调统一，又使建筑功能具备了更大的包容性，多种建筑功能之间的优化整合带来了“1+1>2”的系统效应，使建筑连续不断地产生新的活力。

多种建筑功能之间的优化整合

项目名称：山形住宅
建筑设计：BIG 建筑设计事务所
图片来源：http://www.big.dk

建筑师没有运用常规的思路去分别设计这两座建筑（住宅与停车库），而是大胆地将住宅架在了停车库之上，同时建筑体量被倾斜成山形的趋势，并通过切角的处理来回应周边的建筑。整个建筑就像一个梯田一样从建筑的最高点一层一层下降到道路边缘，住宅整齐地排列在每一层梯田上，并且错落有致。所有的住户都能享受公园的美景、充足的阳光以及新鲜的空气，同时每家都拥有一个独立的院子。院子周围的屋顶绿化充分保证了住户的私密性，以至于站在自家的院子里也不会被其他住户看到，高密度的集合住宅此时给人以田园般的生活体验。

多种建筑功能之间的优化整合

项目名称：雅加达市综合体
建筑设计：MVRDV 建筑设计事务所
图片来源：http://www.mvrdv.nl/

建筑师将多种功能结合在了这座建筑中，从小的办公单元到大的会议中心，从联排别墅到集合住宅。花园、游乐场、水疗中心、健身房、户外餐厅和游泳池等公共设施应有尽有，这些功能都被放置在了不同的建筑中。同时不同种类建筑的形态和立面也各不相同，建筑师用堆积木一样的方式将这些建筑复合，并通过四条立体交通核把它们串联起来，外表看似繁琐内部却井然有序。

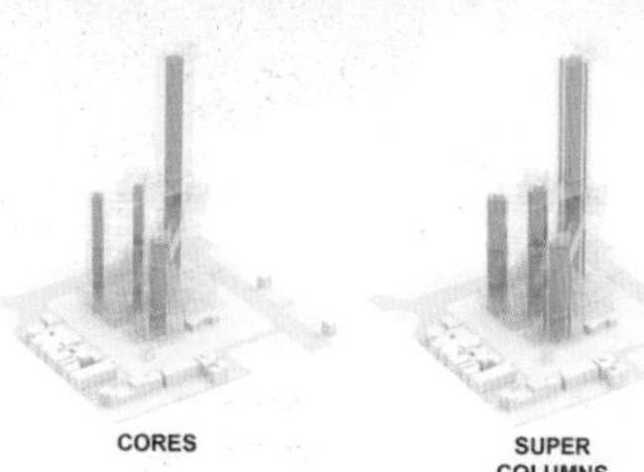

多种建筑功能之间的优化整合

项目名称：社会住宅综合体
建筑设计：法拉建筑工作室
图片来源：http://www.far2000.com/

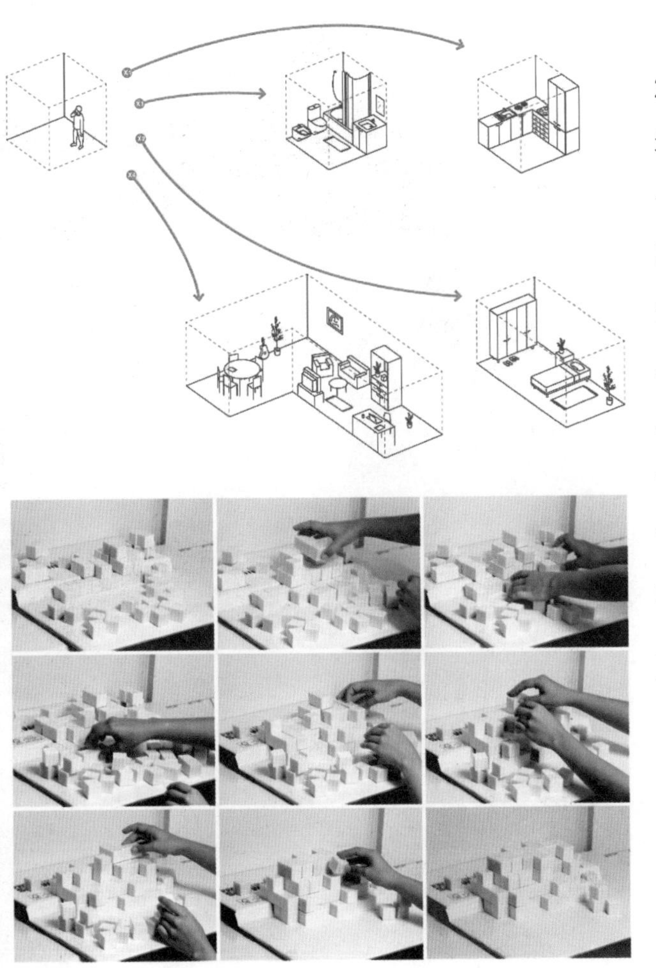

建筑师将住宅分解成为一个 2.55m×2.55m×2.55m 的正方体模块。这些模块不是静止的，而是通过一定规则组织起来，具有灵活性又可以发展变化的住宅单元。建筑师把居住空间按不同种类分配，卫生间、厨房拥有一个模块大小，卧室两个，客厅三个，庭院空间一个，同时预留四个模块大小的公共交流空间，由于居住者不同的需求会出现不同种类的组织方式。它是一个适应时代发展的住宅有机体，提供了一种新的社会住宅组织模式，它可以应对将来人口规模发生的变化，同时住宅形态可以按照使用者的需求随意地生长和发展。

多种建筑功能之间的优化整合

项目名称：双子塔住宅
建筑设计：MVRDV 建筑设计事务所
图片来源：http://www.mvrdv.nl/

设计师将两座住宅塔楼的公共服务区抬高到了建筑的第 27 层，通过方块化的处理使大体量的连接像“云”一样“飘浮”于两座高层之间，同时将零售、娱乐、休闲、运动、文化等各种公共设施集合在这个总体高度达 10 层楼的中间连接部分，并通过体块的相互错落形成了高低不同的室外空间。绿色的体块像一个空中花园，吸引了大量居民聚集于此，极大地激活了集合住宅中的居住空间模式。同时，塔楼上部和下部的居民都可以方便地到达中间连接区，人们足不出户就可以享受到城市的生活。

多种建筑功能之间的优化整合

项目名称：新加坡住宅综合体
建筑设计：雷姆·库哈斯
图片来源：http://www.oma.eu/home

雷姆·库哈斯将31栋6层高的住宅楼以六边形的格局相互衔接叠加，构成六个大尺度的开放庭院，其交错的空间创造出一个包括空中庭院、私人和公共屋顶平台的立体村落。体块的叠加错落不仅保证了每户住宅开阔的视野和住宅空间的私密性，而且提供了开阔的屋顶花园和大面积的公共社交活动空间。具有热带景观的屋顶平台中放置了住宅所需的全部配套设施，充分地满足了社区的公共活动、休闲和娱乐的需求。

多种建筑功能之间的优化整合

项目名称：DEE AND CHARLES WYLY 剧院
建筑设计：雷姆·库哈斯
图片来源：http://www.oma.eu/home

由于传统剧院受到其特殊功能要求的限定，往往呈现出了前厅后院（门厅在前，辅助用房在后）式的功能分布形式。库哈斯则打破了常规的设计手法，将剧院的门厅放置在了舞台和观众厅的下方，辅助用房则放置在了上方，形成了上下层叠并置的功能布局方式。功能的集约化不仅创造出了更多的室外公共活动空间，而且极大地增加了剧院舞台布置的灵活性。同时，其释放周围功能的方式完全颠覆了传统剧院封闭的形式，使得舞台和观众厅全部面向外部环境，不论是采光还是环境都得到了明显的提升。

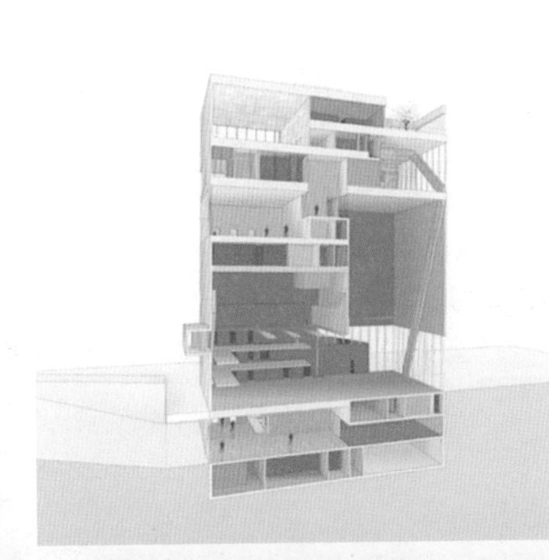

多种建筑功能之间的优化整合

项目名称：弗林德斯大街火车站再开发项目
建筑设计：赫尔佐格和德梅隆
图片来源：http://www.archiname.com/

建筑师在保留和修复弗林德斯大街火车站和其历史遗产特色的前提下，将大量的社会文化功能复合到车站的设计中，它们串联融合在一起，其中包括文化展廊、室外展厅、文化馆和一些室外活动场地。巨大的车站穹顶延续了原有建筑的肌理，并形成了独具特色的广场，广场空间成为整座建筑和街区的纽带，为公众提供了崭新、包容的公共环境，车站不再是人们匆匆而过的建筑，而是成为了公共娱乐休闲的目的地。

多种建筑功能之间的优化整合

项目名称：北约新总部

建筑设计：雷姆·库哈斯

图片来源：http://www.oma.eu/home

库哈斯摒弃了传统的建筑布局方式，将六座不同功能、形态各异的办公建筑环绕着一个中心功能区设置，中心区的上半部分为会议中心，下半部分是新闻发布厅、公共设施、餐厅以及体育设施。在这两者之间是一个公共广场，公共广场取代了传统的走廊，连接了六座建筑。本方案通过公共区域的设置将不同种类的功能串联融合在了一起，加强了建筑之间的交流与互动，并提高了办公效率。

多种建筑功能之间的优化整合

项目名称：博科尼城市学校
建筑设计：雷姆·库哈斯
图片来源：http://www.oma.eu/home

雷姆·库哈斯将学校作为一个整体来设计，将不同的建筑功能围合出一个公共院落，同时把建筑的一层解放出来，形成更多通透和开放的空间。学校的剩余部分被一个个大小不一的结构伞罩住，所有的公共活动和学习空间都被放置在伞状结构下。虽然食堂、办公室和休闲学生区分别在不同的建筑里，同时不同功能服务的空间相互交错，然而它们拥有一个共同点——面对着中央的公共空间。结构伞下的空间允许任何人自由穿越和短暂停留，为公众提供了一个极具活力的社交区域。空间上是被相互串联的建筑物包围的校园，功能上则是被城市环绕，教学空间不再随着功能的限制孤立在某处，而是通过公共功能空间聚落式的设计将学校串联融合为一个整体。

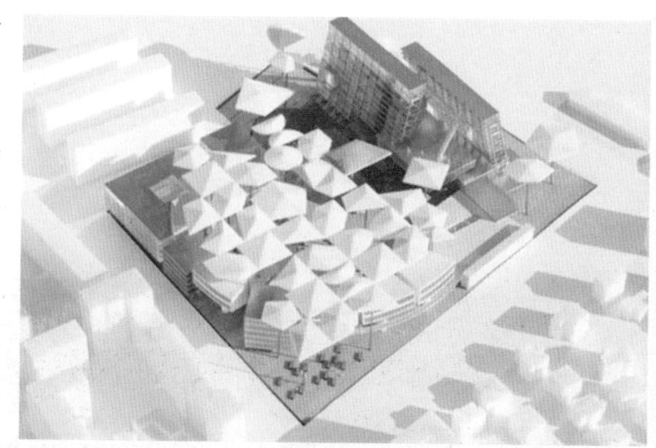

多种建筑功能之间的优化整合

项目名称：城市混合住宅
建筑设计：MVRDV 建筑设计事务所
图片来源：http://www.mvrdv.nl/

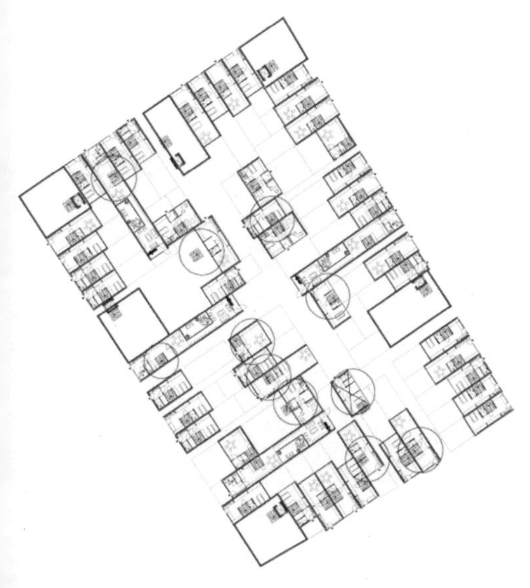

城市混合住宅坐落在市区繁华的街道旁，其总共包含了 16 种不同类型共 95 户的住宅。建筑师通过公园化的格局来串联各个建筑，使内外空间相互穿插，公共空间与生活空间达到合理的配置。

混合住宅中的公共区域串联融合为一个个大小不一的连续空间穿插在各个建筑体量之中，同时建筑师通过一些旋转的墙壁将公共区域划分成不同尺度的公共空间与私密空间，这些墙壁的相互错落成为了人们休息娱乐的主要场所，迷宫般的空间体验丰富了公共生活的同时也促进了邻里关系。

内 容 提 要

本书对当代优秀复合型建筑案例加以分析，并根据建筑与外部环境相矛盾以及建筑内部功能之间相矛盾两种情况，归纳总结了相应的多种整合方式，即建筑与景观环境复合、通过建立便捷通道和立体交通实现建筑与交通复合、建筑与公共设施复合、通过弱化边界使功能与交通实现复合、通过强化路径使各种功能融为一体、多种建筑功能之间的优化整合。本书对上述各复合方式的具体策略进行了系统深入的研究，并归纳了可供设计参考的具体策略。

本书可供建筑师、高等院校建筑专业师生、建筑学爱好者阅读使用。

图书在版编目（CIP）数据

非标准复合 ：当代建筑的“非常规复合手法” / 任轲编著. -- 北京 ：中国水利水电出版社，2018.1
（非标准建筑笔记 / 赵劲松主编）
ISBN 978-7-5170-5884-7

Ⅰ. ①非… Ⅱ. ①任… Ⅲ. ①建筑设计 Ⅳ. ①TU2

中国版本图书馆CIP数据核字(2017)第235942号

书　名	非标准建筑笔记 非标准复合——当代建筑的“非常规复合手法” FEIBIAOZHUN FUHE——DANGDAI JIANZHU DE“FEICHANGGUI FUHE SHOUFA”
作　者	丛书主编　赵劲松 任轲　编著
出版发行	中国水利水电出版社 (北京市海淀区玉渊潭南路1号D座　100038) 网址: www.waterpub.com.cn E-mail: sales@waterpub.com.cn 电话: (010) 68367658 (营销中心)
经　售	北京科水图书销售中心 (零售) 电话: (010) 88383994、63202643、68545874 全国各地新华书店和相关出版物销售网点
排　版	北京时代澄宇科技有限公司
印　刷	北京科信印刷有限公司
规　格	170mm×240mm　16开本　7.75印张　121千字
版　次	2018年1月第1版　2018年1月第1次印刷
印　数	0001—3000册
定　价	45.00元